水环境中植物繁殖体
传播动力学过程与迁移模型

曾玉红　刘小光　著

国家自然科学基金优秀青年科学基金项目（51622905）、
国家自然科学基金面上项目（51879197）、国家重点研发
计划项目课题（2016YFA0600901）资助出版

科 学 出 版 社
北 京

内 容 简 介

本书系统总结水环境中植物繁殖体传播的主要途径，回顾水媒传播理论的发展及作用机制，强调水媒传播在河流生态系统中的重要地位；对水环境中植物繁殖体运动过程中的漂浮、沉降和起动，以及风对繁殖体传播的驱动特性等基础理论进行论述；从漂浮种子颗粒静力平衡状态分析、植被作用下水流运动对漂浮颗粒运动的影响、种子被植株俘获及解俘获过程等方面阐述有植被明渠中漂浮种子的散播理论；基于统计学方法和动力学分析建立低流速条件下漂浮颗粒动力学输运模型；论述高流速条件下漂浮种子动力学输运过程及数学模型；基于随机游走理论，模拟生态渠道中漂浮种子的随流迁移过程。本书对河岸及湿地生态系统植被群落的重建、恢复或调节，以及农田杂草的综合防治，甚至精细化阻隔外来植物物种入侵具有指导意义。

本书可供从事环境与生态水力学领域的科研人员及高等院校相关专业师生参考。

图书在版编目（CIP）数据

水环境中植物繁殖体传播动力学过程与迁移模型/曾玉红，刘小光著.—北京:科学出版社，2021.5
ISBN 978-7-03-068391-5

Ⅰ.① 水… Ⅱ.① 曾… ②刘… Ⅲ.① 环境水力学-水动力学-作用-植物-种子繁殖-研究 Ⅳ.① X143

中国版本图书馆 CIP 数据核字（2021）第 046998 号

责任编辑：孙寓明/责任校对：高 嵘
责任印制：张 伟/封面设计：苏 波

科学出版社 出版
北京东黄城根北街 16 号
邮政编码：100717
http://www.sciencep.com
北京凌奇印刷有限责任公司 印刷
科学出版社发行 各地新华书店经销
*
开本：787×1092 1/16
2021 年 5 月第 一 版 印张：9 3/4
2022 年 3 月第二次印刷 字数：232 000
定价：88.00 元
（如有印装质量问题，我社负责调换）

前言 Foreword

水生态文明是人类遵循人水和谐理念，以实现水资源可持续利用，支撑经济社会和谐发展，保障生态系统良性循环为主体的人水和谐文化伦理形态，是生态文明的重要部分和基础内容。在诸多与水生态文明建设和保护相关的基础性研究中，植物、水流与泥沙之间的相互作用一直是一个重要的研究方向；过去的十余年，研究者充分认识到植物在生态、水文和河流地貌相互作用方面的重要性，研究工作加速，涌现了很多有影响力的成果。

植物繁殖体（种子、果实及营养器官）的散播过程对于植物群落组成和结构具有决定性作用，是植物群落演替的先决条件，可以增强群落的物种富集度并提高其抗风险能力。对于处于水生与陆生环境交界区域的植物，其种子的散播方式是多样的。邻近河道的河岸带区域，地下水位高，土壤含水量及养分更多，可以为繁殖体提供良好的定植、萌发及生长环境，是滨水植物繁殖体的主要来源地及收容区。水媒传播是滨水植物繁殖体主要的散播模式，同时也是长距离输运及流域内远距离区块之间纵向连通与基因交流的重要途径，不同状态的水流可将不同性状的繁殖体散播至数百公里的流域范围内。此外，陆生植物繁殖体可通过动物、风力、重力或其他方式进入水流中，并以水媒传播的方式进行长距离输运，这种偶然性的水媒传播事件也能提升当地的物种丰富度，加强远距离植物群落之间的基因交流，同时对于抑制局部的植物物种灭绝具有重大的意义。繁殖体漂浮能力是水媒传播行为最为关键的指标之一，更大的漂浮能力意味着更远的潜在输运距离，在低流量及低流速水体中尤为显著。经由水流表面进行散播是繁殖体进行长距离散播的主要途径，是维持及拓展物种群落的重要方式，同时可以大大增加河流和海岸植物物种的分布范围。

20 世纪初期，生态学家开始关注水媒在水渠中农田杂草种子散播过程中的作用，之后他们又认识到水媒传播在非本土植物物种入侵过程中的推动作用，水媒传播开始成为其关注的重点。20 世纪中叶，随着大量阻水工程的建设，河网连通性被破坏，固有的繁殖体水媒传播通道被破坏，这一问题的诱发机制及缓解办法成为生态学家和水利专家研究的重点，大量的生态调查和观测工作开始跟进，但研究内容仍局限在生物生态学分析及生境评价方面，较少涉及繁殖体输运的动力学过程及系统的模型分析。21 世纪初，有学者尝试基于传统水动力学模型描述植物繁殖体在水体中的散播过程，但是并没有涉及其核心的作用机制，模型的精确性与适应性普遍较差。

基于上述背景，在国家自然科学基金优秀青年科学基金项目“环境水力学”（51622905）、国家自然科学基金面上项目“经水媒传布浮力种子动力学特性研究”（51879197）、国家重点研发计划项目课题“大型水库影响下河流水文泥沙动力过程与水沙输运通量变化”

（2016YFA0600901）的支持下，本书作者及研究团队经过近 5 年的工作，以种子作为植物繁殖体典型代表，构建漂浮种子在有植被明渠水流中散播性状的描述方法，利用混合模型实现对特定漂浮种子在不同植被区域内输运能力的评价，并在不同流速条件下有挺水植被明渠水流中漂浮种子随机迁移过程的数学刻画上取得重要进展。本书是上述成果的总结与提炼。

本书的出版得到了武汉大学水资源与水电工程科学国家重点实验室的资助。武汉大学水资源与水电工程科学国家重点实验室的槐文信教授、杜克大学的 Gabriel Katul 教授在项目研究工作中提出了很多建设性意见。全书由曾玉红、刘小光撰写。在课题研究及书稿撰写过程中得到了同行及韩丽娟、柏宇、李仟、朱曦、钟子扬、万云娇、聂贝、查伟、杨帆、张诗瑶、黄蕊、阳甜甜等研究生的大力支持，在此一并表示敬意及感谢。

限于作者水平有限，时间仓促，书中难免存在疏漏之处，欢迎读者及专家对书中存在的不足进行批评指正。

作　者

2020 年 8 月

目录 Contents

第1章　水环境中植物繁殖体的传播

1.1 水环境中植物繁殖体的传播模式

河流生态系统是生物与非生物因素交互作用的统一体。与湖泊相比，河流是一个流动的生态系统，水-陆联系紧密，相对开放。水体（水动力主导区）与陆地（植物主导区）之间的过渡带是两种生境交汇区，异质性更高，物种更加丰富，生物群落多样性水平更高，具有较高的物种密度和生产力，优于单纯的水体或陆地系统，这一区域目前也是植物生态工程的热点区域（图 1.1）。如位于水陆联结处的湿地，覆盖地球表面仅 6%，却为大量的水生植物、鸟类、鱼类、水禽和两栖动物等生物提供了生存环境，具有不可替代的生态功能，被誉为“地球之肾”。我国著名湿地包括山口红树林、鄱阳湖湿地、巴音布鲁克湿地、西溪湿地和洞庭湖湿地等。

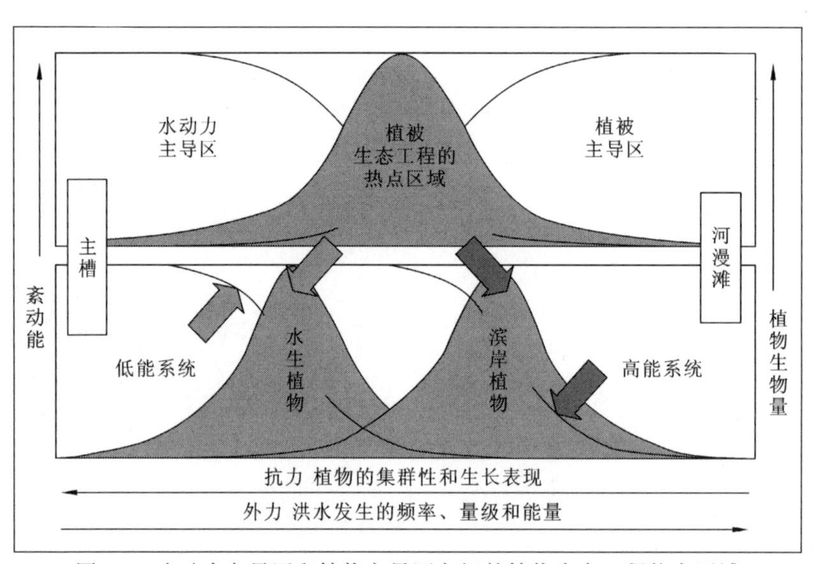

图 1.1 水动力主导区和植物主导区之间的植物生态工程热点区域

植被作为河流生态系统的重要组成部分，为大量水生生物提供了栖息地和食物来源，是整个生态系统物质循环和能量流动的基础一环，对河流生态发展具有重要意义。河流中植被主要包括水生植物及近水陆生植物。其中，水生植物分为挺水植物、沉水植物和浮水植物等，分布的位置对应从河边滩向主槽延伸。河流中植被的存在改变了水流结构，增加了河道中水流阻挡面积，提高了河道表面粗糙程度，从而降低了水流对河槽的冲刷作用，有利于黏性泥沙的沉积，减少河流中的含沙量。岸滩植被则有利于边坡稳定和水土保持。另外，植被根系对水体中氮、磷等营养物质及重金属具有一定的吸附作用，进而净化水质。因此，植被在河流水环境治理及生态发展中具有重要作用和意义。

植物繁殖，是指植物通过无性繁殖、种子繁殖或孢子繁殖产生与自己相似的新个体的过程，是植物繁衍后代、延续物种的一种自然现象，也是植物生命的基本特征之一。

自然状态下，植物繁殖体可自行传播繁殖，传播方式对种群数量和结构、迁移途径和物种交流有着重要影响。植物繁殖体的散播过程被认为是决定植被群落发展的基本因素之一，常被用来描述目标区域中可再生繁殖体的物种组成及分布性状。

以植物种子为例，依据其传播机理，可分为重力跌落传播（barochory）、风媒传播（anemochory）、水媒传播（hydrochory）、弹射传播（ballochory）和动物传播（zoochory）。根据传播特性，又可将上述传播方式分为主动传播和被动传播。主动传播即自动传播或机械传播，主要包括重力跌落传播和弹射传播。重力跌落传播通常指植物种子在成熟后掉落于坡地，再借助自身重力作用滚动离开母株的传播方式；弹射传播指植物果实在急剧开裂时产生了弹力或者喷射力量使种子散布传播。被动传播包括动物传播、风媒传播、水媒传播。动物传播一般是指动物将种子吞食后，通过排泄传播或者种子黏附在动物体表被携带到其他地方；风媒传播是许多植物的果实和种子的传播方式，指以风力为媒介的传播方式，这类种子或果实一般具有细小质轻的特质，或者表面具有有助于承受风力的飞翔特征；水媒传播是植物种子或根茎等器官以流动水为媒介进行传播繁衍的一种方式，水媒传播的植物主要是沼泽植物和海滨植物，植物繁殖体随水流传播或者沉降到河床生根发芽，还有一些旱生植物的果实经雨水冲刷传播也属于水媒传播。植物种子传播扩散、扎根定植、与食草动物的竞争等是影响河岸植被组成和分布的重要因素，是物理和生物过程复杂交互作用的产物（图 1.2），物种丰富度最终由繁殖体传播所决定。

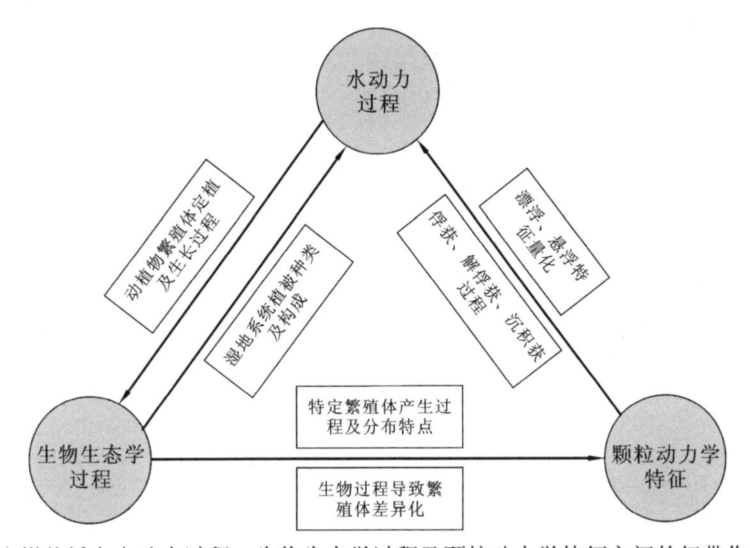

图 1.2　水媒传播在水动力过程、生物生态学过程及颗粒动力学特征之间的纽带作用示意图

对处于陆地和水生生态系统交错区的湿地植物物种，其繁殖体传播方式具有多样性，以流动的水体为散播媒介在许多湿地生态系统中扮演重要的角色。湖泊和沼泽水体更新缓慢，植物繁殖主要依靠风媒传播或动物传播，植被组成相对单一。而天然河道中，植物繁殖主要依靠水媒传播，即植物种子或根茎等以流动水为媒介进行传播繁衍。种子随水流的传播能力决定群落组成和分布，从而形成河流上下游植被层带状分布的独特景观。一般认为，水媒传播的种子输运距离更远，这一点已经被 Middleton[1]在伊利诺伊州

中南部的珀克斯镇附近的卡什河段的研究所证明。他使用自制的简易收集装置收集植物种子，并对河段中的水媒传播情况进行调查，结果显示水播收集装置捕获了更多种类的植物种子，数量是同时期风播收集装置的 8 倍，证明种子借助水媒可以传播更远的距离。此外，水播收集装置一共收集了 40 种植物种子，仅有 17 种维管束植物生长于附近的池塘，其余的植物物种则生长于卡什河流经的其他地势低洼的森林，进一步证明水媒传播过程有利于植物种子的长距离输运。因此，相较于其他传播途径，水媒传播能将种子带到远离直系植株和群落的地方定殖繁育，有利于物种基因交流。

植物种子依据其形状或种皮特性主要分为 4 类：小颗粒类（granule）、果仁类（nutlet）、瘦果类（achene）、附属物类（appendage）。资料表明，大量水生植物和岸滩陆生植物的种子能够以漂浮、悬浮或借助漂浮物的方式随水流（溪流或洋流）被动长距离传播，浸泡吸水后沉降到砾石沙滩上，在光照、温度及营养条件适宜时快速增殖。水媒传播的一个典型例子是睡莲，成熟的睡莲果实大多沉入水底，待果皮吸水腐烂后，包有海绵状外种皮的种子就会随水漂浮迁移，直至在适宜地点扎根定植。棕榈树种子随水传播，甚至可以随洋流洲际迁移。红树生长于水中，低潮期一接触土壤就可以生根，但遇高水位时，其种子也能随水迁移。

海洋和淡水系统中流动的水流为泥沙、营养盐、有机质及生命体的输运提供了途径，植物体、动物体及其他生命体在水生系统中的散播过程研究逐渐成为近年来最为活跃的研究领域之一。河流生态系统中生物与非生物因素交互作用，如植物、动物及其他有机体经水媒传播，是构建环境变化如气候变化、生物入侵、生境破碎化等河流生态系统多样性的关键。相关研究涉及生物学、地貌学和水动力学等学科，是一个复杂的热点生态问题，对于流量调节、生态修复、气候变化及非本土物种入侵的研究具有重要的指导作用。

本书以具有浮力特征的植物种子为例，阐述水环境中植物繁殖体的传播机理，构建不同水体环境中植物种子的输运模型，相关结论可推广至其他有机生物体如鱼虫卵或浮游生物，以及一般低密度保守异质体的随水输移，为流体中颗粒运动模拟与预测提供思路和成果借鉴。

1.2 人类活动对水媒传播过程的影响

目前已经确证的研究和调查资料表明，人类活动主要通过自然过程改变及水文情势变化以多种形式在景观格局上对水媒传播过程产生重要影响，其中造成直接影响的有闸坝建设、流量调节、调水工程、河流海岸堤防工程、渠化工程等；造成间接影响的有水污染、热污染、漂浮障碍物及取水工程等；同时，密集的船运交通也会对散播中的繁殖体产生显著的影响，其他对河流及其邻近区域（农业生产区、道路网络、护坡等）的扰动可能会促进经水媒传播物种的入侵过程，从而影响其生态系统。

过去的 50 年，我国建设了大量的水利工程，仅长江上游就有 20 余座大坝。大坝建设破坏了河流的纵向连通性，导致河流生境破碎化，降低甚至消除物种之间的纵向交流。虽然水库泄洪时，库区种子可能会随水流下泄至下游河流，但种子会被风浪等驱离到远离水库溢洪道的区域，沉积到水库底部或者因为水库内缓慢的流速而沿途沉积，大部分的种子并没有机会通过溢洪道进入下游河流。此外，常规上被认为是植物繁殖最佳时间段的洪峰流量区间，也会因为闸坝的存在而大大缩窄，人为制造的少量洪峰并不能起到很好的调度效果[2-3]。另外，受闸坝等水利设施调控的水流形态会影响河流生境的基本特征及淹没的时序性，进而影响种子的沉降、定植及存活。Merritt 和 Wohl[4]认为大坝对植物种子水媒传播过程的影响体现在许多方面，通过改变水流流态，大坝可以影响滨水栖息地生态及植物种子定植到这些栖息地的动力学过程。另一个尚未具体化的因素是大坝会将原有的植物种子流的河流输运通道破碎化，这种破碎化会将流域系统分割为许多相互独立的单元。与河流相连通的天然湖泊被认为是重要的种子储藏库，会大量地截留向下游输运的繁殖体，水库对自由流动河流中丰富的种子资源同样具有很高的截留效率，进而会大大降低河流中的种子通量及水播植物的物种丰富度。水库对上游河段中种子通量的大量截留，会使下游河流丧失维持高水平物种多样性的能力，同时会降低当地灭绝物种的恢复能力。我国的河流在不同程度上受到闸坝工程的调节，河流输运通道破碎化对植物繁殖体的传播影响，及其对沿河植被群落结构形成的威胁是需要重视的问题。充分认识种子扩散的重要性及影响扩散过程的诸多因素，对于合理调节坝下游河道水流状态、优化设计水库泄洪道以减轻河流破碎化的负面效应是必要的。

河流系统具有通过水媒传播方式收容和输运植物繁殖体的功能，相应地，滨水植物物种丰富度及水体中繁殖体通量是衡量水媒传播发挥维持及延展作用最为主要的指标。图 1.3 给出了河流中不同区域水体中的繁殖体通量与滨水物种丰富度受水坝与环境影响的变化趋势，其变化关系受河流年平均流量、流域面积、岸线长度及河网密度的直接影响，并且由于沿河流生境因子的变化，经水媒传播的繁殖体在沉积后并不确定能助益于物种丰富度的提高。

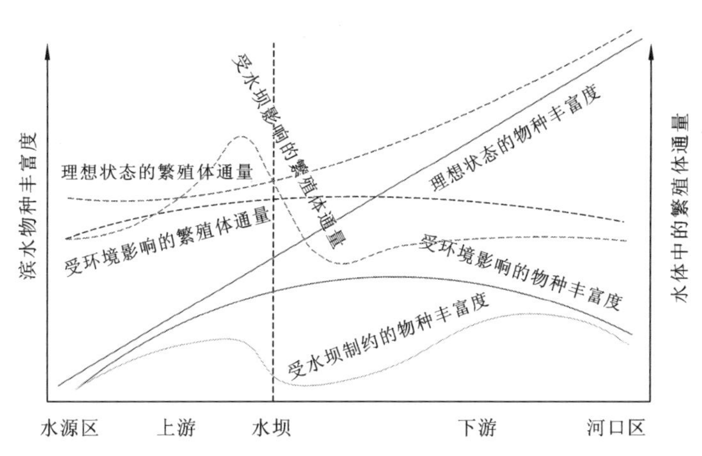

图 1.3　河流中不同区域水体中的繁殖体通量与滨水物种丰富度受水坝与环境影响的变化趋势概图

出于防洪、航运、木材输运或者水力发电等工程目的，许多天然河流被渠道化，漫滩区域、河道中的大型石块及其他天然障碍物被移除，收窄、拓深后的河道促使原本可能为河岸带区域所俘获的种子大量地向下游输运，导致河流漫滩上的植物种类及数量大大降低，直接造成河流系统中主河道与漫滩及河谷区域的横向连通被破坏。同时滨水植物种子也失去了在水-陆之间进行交换的机会，这会导致经水媒传播的繁殖体定植于河岸带并获得适宜栖息地的概率大大降低，大量的繁殖体会最终沉积到河床上并失去萌发的机会，使物种丰富度降低。鉴于此，构建稳定的河岸植被带，以及合理配置水体障碍物是恢复水媒传播过程、维持及拓展河流生态系统的必要条件之一。此外，一些地区的河流漫滩区被重新规划为农业生产区，这也导致其横向连通性进一步地减弱。主河道与漫滩及河谷区域的横向连通对植物种子的水媒传播过程极为重要，一方面可以提供稳定的种子源，另一方面对种子的俘获及定植起到决定性作用。这种横向连通的破坏直接减弱了种子经水媒传播过程对河流生态系统的修复作用。另外，被改造的农田排水沟是湿地植物种子最为重要的收容区域之一。排水沟也是各个独立生境（池塘、沼泽、溪流等）之间重要的连通走廊。显而易见的是，纵横交错的农业排水沟将会是农业生产区最为主要的水媒传播渠道，为湿地植物繁殖体传播提供稳定的媒介。

此外，一些人类活动会通过直接引入植物体或者间接地为其提供传播途径而加剧外来植物物种的入侵。例如，流域间的引调水工程以压舱水为媒介携带繁殖体等。尽管很多入侵物种的传播途径并不局限于水媒，但在多数情况下，水媒传播可以加速其传播效率或者扩大其传播范围。

水媒传播对物种源在受扰动区域的恢复具有巨大的应用潜力，这一点在河岸带及潮汐区域已经有充足的证据予以证实。然而，国内外鲜见将恢复水媒传播途径作为首要目标的河岸（近海）植被带的生态修复工程，原因是多方面的，有基于工程综合效益的考虑，但作者认为更为重要的是水媒传播及其与生物生态学的交互过程尚有诸多关键问题有待解决，其有效的工程应用缺乏足够的技术支撑。水媒传播途径的修复包含自然水文情势的改善与恢复，主要包括拆除水坝以加强植物繁殖体向下游输运的能力，调节水流以适配不同物种的散播时间特征，恢复繁殖体在水-陆区域之间的交换路径，如在洪水期间投放繁殖体颗粒以保证繁殖体可以顺利地定植于适宜萌发及生长的栖息地中。上述举措在国外已有较为广泛的应用，尽管出发点往往并不是利用水媒传播进行生态恢复，但在恢复河流天然的水文情势、修复受扰动区域的生态方面取得了一定的成效。这方面的研究也将是未来的研究热点之一。

1.3 水媒传播理论的发展与应用前景

水媒传播概念始于 18 世纪中叶，生物学家如 Guppy[5]、Ridley[6]等观测和记录了植物种子等繁殖体随水流传播的现象并试图量化其漂浮能力。Guppy[5]对泰晤士河流域种子的传播系统进行了研究，证明了水媒传播这一途径的存在，成为水媒传播问题的经典之作。

Dammer[7]最早将与水流相联系的散播模式赋予学术术语“hydrochory”，在希腊语中，“hydro”的含义为水，“chory”特指植物以某一方式或媒介进行散播。此后大部分研究者均沿用此定义，且其应用领域有所延伸。例如，行为能力较弱的小型动物尤其是无脊椎动物通过水流的被动散播过程。Parolin[8]基于在作用机制和繁殖体类型将水媒传播过程划分为三种类型：①浮水传播（nautohydrochory/nautochory），指具有漂浮能力的植物繁殖体在水流表面散播，包括吸附在漂浮物体上的散播过程；②沉水传播（bythisochory），指沉水的植物繁殖体在河床表面随水流散播，包括完全沉水及半漂浮植物繁殖体；③降水传播（ombrochory），指繁殖体受作用在母株上的降雨的驱动而散播。其中，水流传播是植物繁殖体进行长距离散播的主要途径，是维持及拓展生态系统中的植物物种群落的重要方式，可大大提高河流和海岸植物物种的分布范围，对河口海岸及不同流域物种之间的基因交流，提高生境遭受巨大扰动情况下的物种存活概率，以及适应气候变化条件下新的生态系统的形成具有十分重要的意义，如图 1.4 所示。

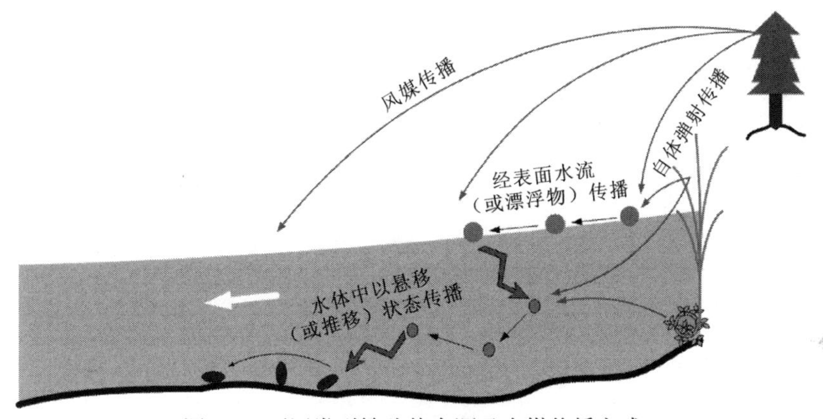

图 1.4 不同类型繁殖体来源及水媒传播方式

关于水媒传播的现象学描述在生物生态学、生态统计方法上已经有着较为系统的发展，然而最为基本且关键的基础动力学及相关的耦合过程的研究却尚未系统发展。直到 21 世纪初，国内外一些学者才开始对水媒传播进行系统的研究，不断丰富其内涵和研究手段，探索了河岸植被类型与河流地貌学、水文节律之间的动态联系，并扩展至有机生物体诸如植物种子、鱼虫卵和浮游生物的随流输移特性方面。比较而言，国外对于水媒传播问题的研究起步较早，研究手段也较为丰富，可用于后续模型验证的观测数据也较多。国内研究者则更多地关注无机质泥沙运动、水体中污染物的迁移转化及富营养化问题，而较少关注植物种子、鱼虫卵和浮游生物等有机生物体在水中的输运规律。对于水媒传播的研究主要集中在水流速度较快的生态系统，如河流、溪流及河口，在这些生态系统中，水流速度决定着种子传播的速度和距离。很多研究者已经证明植物繁殖体或者模拟颗粒可以被运输到几公里乃至上百公里的距离之外，基于河道水力参数的经验性描述模型发展得较为成熟。相对于河流等水流速度较快的水域，农田排水沟、池塘或者洪泛区域的水流速度明显缓慢很多，适用于快速流动水域的水媒传布理论不能直接套用于这些区域，需要重新构建一套描述浮力种子在流速缓慢水体中散播的数学方法，此时需要关注的不仅是输运距离，还有其分布性状。种子能否沉积在合适的发芽地点很大程度上决定着破碎化的湿地种群之间的繁殖体交流。

此外，水媒传播具有明显的空间性特点，一般认为大部分的滨水、水生及潮滩植物物种主要以水媒传播途径进行繁殖扩散，然而许多陆生植被并没有为了水媒传播而产生适应性变化，许多干旱地区的植物种子缺乏长距离输运的条件，这也是导致这些区域植物群落丰富度低及抗生态风险能力弱的因素之一。例如，种子在风力作用下可沿地面滚动输运，而随地表径流的迁移过程可以在很大程度上决定种子的最终定植区域。

事实上，基于坡面流的种子扩散过程明显区别于种子在河网或者湿地系统中的扩散，主要体现在如下方面：①坡面流扩散的起动过程取决于相对较少发生的强降雨过程产生足够大的水流；②输运种子最后的定植区域不仅取决于种子的俘获过程，同时也取决于坡面流的中断；③坡面流扩散能跨越河流区域远距离输运植物种子。

水媒传播对提高植物群落的生态恢复能力、在生态系统遭遇巨大破坏事件之后的生态恢复效率、防止局部的植物灭绝具有重大意义，同时，在较长时间序列里，一些偶然的扩散事件可以强化当地的物种丰富度及远距离植物群落之间的基因交流。

随着我国人口的快速增长和经济社会的高速发展，生态系统尤其是水生态系统承受越来越大的压力，出现了水源枯竭、水体污染和富营养化等问题，河道断流、湿地萎缩消亡、地下水超采、绿洲退化等现象也在很多地方发生。从国家到地方都十分重视水生态保护与修复，新的技术及手段层出不穷。水媒传播相关问题的研究正逐步从简单的现象学描述向机理模型转变，相应的应用也从单一、静态的平衡模型向集成、动态的耦合模型进步，作者在广泛借鉴领域内先进研究成果的基础上，认为未来水媒传播在湿地生态修复技术、农田杂草生态化治理、入侵物种精细化防治、植被群落演替规律研究及生态流量调节等方面有着十分乐观的应用前景（图 1.5）。

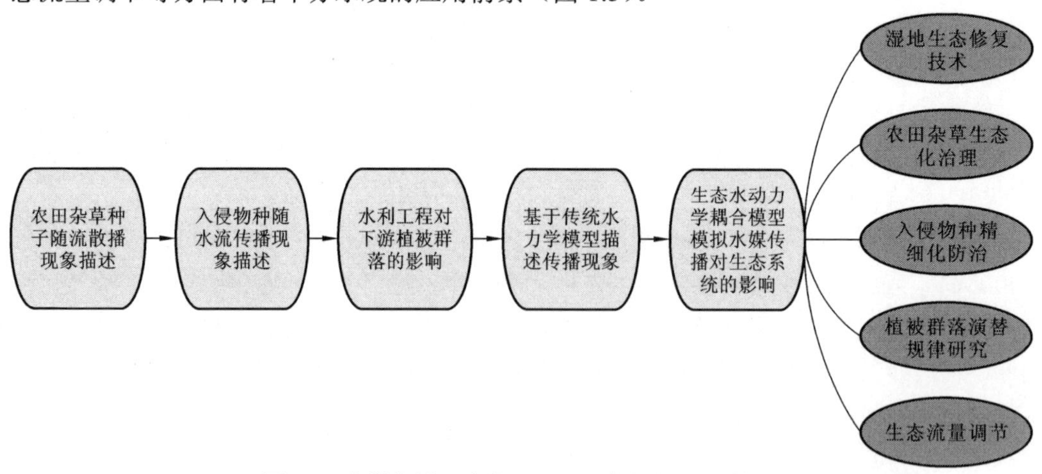

图 1.5　水媒传播理论发展历程及潜在应用领域概图

在湿地生态修复技术方面，河岸植被带的重建及养护是最为重要的组成部分之一。河岸植被带是河溪和高地植被之间的生态过渡带，具有明显的边缘效应[9]，其主要功能大致可以归纳为廊道功能、缓冲功能及植物保护功能。重植和保育滨岸植被是最为常见的河流修复方法，主要目的在于稳固河岸，减少泥沙和营养盐进入河渠，同时提高河流断面的生态完整性。采用人工种植的方式恢复不仅耗费大量的人力物力，且不一定满足自然状态下物种群落的层带状分布规律，可能导致种群结构不合理、比例不谐调，生态系统难以保持和自我维持。将可调控的水媒传播技术应用于生态修复工程具有成本低、生态平衡性好及综合效益高等特点，但目前还处于初始阶段，原因在于对水媒传播机制的认识不充分，以及在时空尺度上调度难度较大，同时，基于水媒传播的修复工程很可能会引入或者加速入侵物种的传播，进而造成新的生态危机或灾难[10-11]。因此需要制订更加精细化的修复计划，如考虑由于气候改变形成新的水文情势及生存条件，引起植物物种适应性的改变等。

农田杂草种子一般带有较大体积占比的气囊、气室，且形态上一般带有钩刺、针刺及附有黏液的表皮，同时大部分杂草种子具有较强的休眠特性，这些特点使得水媒传播成为其最为关键的散播媒介。借助于排水沟渠，杂草种子可以高效地在农田间进行不同尺度的传播，但是它们具有很强的生存适应能力，可以与农作物竞争阳光、养分及生存空间，进而威胁农作物产量。长期使用化学除草方法，会导致杂草对化学药剂的敏感性降低，同时除草剂对一些农田杂草的防控效果并不理想；通过建立统一模型描述杂草种子在田间的迁移过程，对杂草种子的密度分布进行预报，可以为探索生态学层面上治理农田杂草提供理论支持与技术指导；通过实施流量调节、排灌时间控制及合理布置滤除装置等手段，可以有效地控制杂草种子库的规模，实现农田杂草的可持续治理，推动生态农业、绿色农业的发展。

自20世纪中期，水媒被认为是外来入侵物种传播的主要媒介之一，其加剧了物种入侵导致的生态灾难。在掌握入侵物种水媒传播机制的前提下，制订有针对性的生物学或生态学的阻断措施，可以有效地降低入侵物种带来的生态灾害，相关研究涉及生物生态学、地貌学和水动力学等学科的交叉应用。

因此，植物繁殖体的散播过程对于其群落组成和结构具有决定性作用，也是群落演替的先决条件，可以增强群落的物种富集度并提高其抗风险能力。对于湿地物种而言，尤其是位于河岸植被带的植物，在内外因素的作用下，水媒传播是其基本的散播途径。由高强度人类活动和气候变化双重胁迫作用导致的自然水流过程的改变及水文连通性的破坏[12]，以及水道对于繁殖体的收容能力与繁殖适应性的衰退，这一传播途径所发挥的作用正面临巨大的挑战。掌握植物繁殖体经水媒传播的规律，对于改变种子的扩散路径，改变植物种群的分布，以及河岸及湿地系统的植被重建或恢复，农田杂草的去除，乃至阻止外来水生植物物种入侵具有十分重要的意义。

1.4　水媒传播过程的关键作用因素

水媒传播的两大特征值为繁殖体的传播距离及最终沉积定植的区域，水体中的动力学输运过程及截留机制是水媒传播过程的关键，也是建立迁移模型的基础。河流系统中常见的水生植被、大型障碍物形成的浅滩、漩涡及回流区会对迁移路径上的繁殖体进行截留，且繁殖体的惯性运动轨迹会因水流流态、与固体表面之间的交互作用而改变，进而影响其动力学输运过程。从水媒传播关键过程出发，可以将其影响因素区分为内部因素和外部因素两个方面。

内部因素主要包括繁殖体颗粒的属性特征，如大小、密度、形状、漂浮能力、种子寿命，以及其他从根本上限制或者促进种子等繁殖体长距离输运的内在因素；除此以外，繁殖体的种皮（果皮）特征、休眠习性（大大加强远距离扩散的存活率）及其他形态学特征会决定种子与河流水动力之间的响应特点、种子在水体中的存活能力，以及繁殖体在漂流过程中被水生植被及河流中的无机或者有机基质所俘获的概率。

外部因素包括不同时节河流的形态、河流水力特征（水位、流量、流速等）及河道边界条件，它们会决定种子沿河流边缘的扩散路径及最终定植的区域。此外，水利工程的建设对水媒传播也有很大的影响。研究表明，大坝将原有的植物种子流的河流输运通道破碎化，改变水流流态，从而影响滨水栖息地的生态及植物种子定植到这些栖息地的动力学过程。水库会高效率地截留上游河段中丰富的种子资源，大大降低下游河流中的种子密度和水播植物的物种丰富度，使下游河流丧失维持高水平物种多样性的能力，同时会降低植被系统中当地灭绝物种恢复能力[4]。

内部因素与外部因素的交互作用将决定植物繁殖体的扩散命运。如图 1.6 所示，在内外部因素共同作用下，繁殖体可能在截留状态与输运状态之间相互转变，并直接决定其沉积过程，从而间接影响其定植、萌发及生长过程，水体中成株后的繁殖体在不同时空条件下会进一步地改变定植区域中的动力输运过程及截留机制，形成正反馈效应，并促进植被群落的延续与拓展。

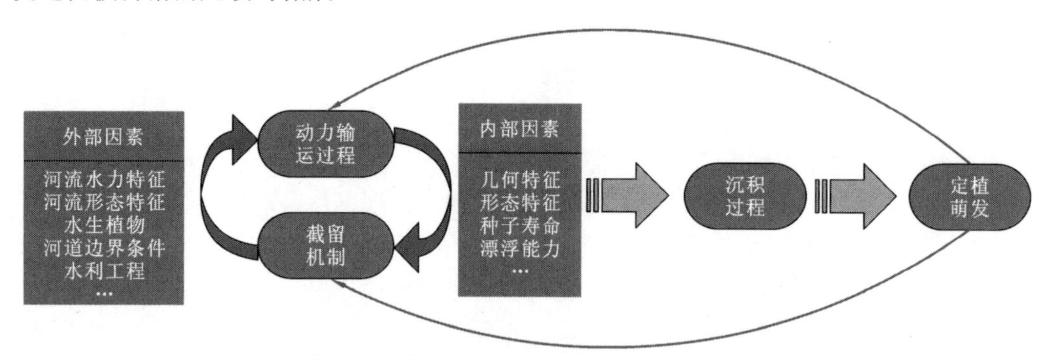

图 1.6　水媒传播过程中的关键影响因素分析

第 2 章　经水媒传播种子的运动特性基础理论

水媒传播植物种子的运动主要历经以下几个阶段，并伴随不同的运动方式和路径。第一阶段，成熟种子从父本植株掉落至水中或植株附近地面，称为初次传播（primary dispersal）。掉落在地面的种子随后可以借助风或者坡面漫流运动。水位上升同样可以带动这些种子移动[13]。第二阶段，当种子达到水面时，其运动方式依据浮水和沉水两种类型出现分化。浮水植物种子在水面运动很容易受到风应力和表面张力的作用，同时在传播过程中易被植被茎叶等障碍物俘获，如果种子的惯性力能够克服这种吸引力，则可解俘获继续向下游传播，反之则被永久俘获就此止步[14-15]。沉水种子以悬浮状态随水输运或沉于河床就地扎根或阶段停留。沉于河床的种子可能会在大流量情形下起动继而随水传播，称为二次传播（secondary dispersal），其运动形式类似悬移质泥沙。此外，一些具有亲水种皮的浮水种子在吸水后也将沉降。在传播一定距离后，这些种子可能被植株俘获，随水位下降而着陆，最终将沉积于河床或河岸扎根繁殖。在这两个运动阶段中主要涉及三种水力过程，即随流扩散、起动和沉降（图 2.1）。

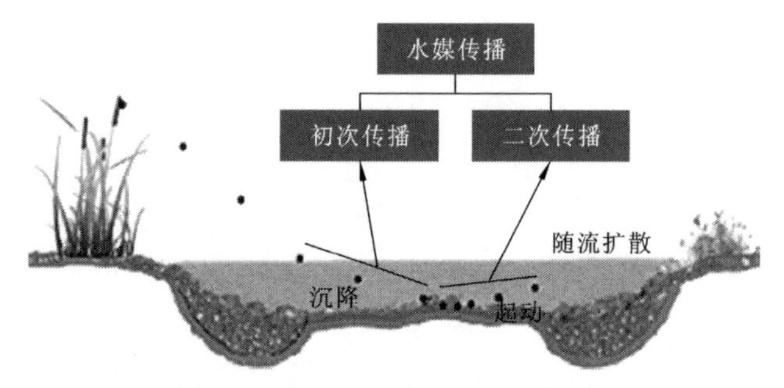

图 2.1　种子经水媒传播的两个阶段

2.1　沉降速度及阻力系数

颗粒自由沉降速度是指单颗粒子在足够大的静止流体中等速下降时的速度，简称沉降速度，它是颗粒的重要水力特性之一。

2.1.1　球形颗粒的自由沉降

考虑单颗粒子在无限静止水体做沉降运动。在下沉过程中，当颗粒有效重力与其受到水体的绕流阻力相等时，颗粒做等速下降运动：

$$\frac{1}{2}\rho_{\mathrm{f}}C_{\mathrm{d}}A_{\mathrm{p}}\omega^{2}=(\rho_{\mathrm{s}}-\rho_{\mathrm{f}})gV_{\mathrm{p}} \tag{2.1}$$

式中：g 为重力加速度；V_{p} 为颗粒体积；A_{p} 为迎流投影面积；ρ_{s} 和 ρ_{f} 分别为颗粒和流体密度；C_{d} 为阻力系数；ω 为颗粒沉降速度。

对于球形颗粒，式（2.1）变为

$$\omega_s = \sqrt{\frac{4(\gamma_s - \gamma_f)gd}{3\gamma_f C_d}} \tag{2.2}$$

式中：γ_s 和 γ_f 分别为颗粒和水的容重；d 为球形颗粒的直径。因此只要确定 C_d 便能计算球形颗粒的沉降速度 ω_s。

下面根据黏性不可压缩流体的基本理论给出小雷诺数下球形颗粒绕流近似解。

黏性不可压缩流体的基本方程组又称纳维-斯托克斯（Navier-Stokes，N-S）方程组：

$$\frac{\partial u_i}{\partial x_i} = 0 \tag{2.3}$$

$$\frac{\partial u_i}{\partial t} + u_j \frac{\partial u_i}{\partial x_j} = f_i - \frac{1}{\rho_f}\frac{\partial \rho}{\partial x_j} + \nu \frac{\partial^2 u_i}{\partial x_j^2} \tag{2.4}$$

式中：f_i 为单位质量力；ν 为运动黏性系数。

求解方程组还需要定解条件：

（1）初始条件：

$t = t_0$ 时，$\boldsymbol{u}(x,y,z,t_0) = \boldsymbol{u}_1(x,y,z)$，$\rho(x,y,z,t_0) = p_1(x,y,z)$。

（2）边界条件：

固体壁面上满足无滑移条件，$\boldsymbol{u} = \boldsymbol{u}_{固}$。

其中静止固壁上，$\boldsymbol{u} = 0$，即 $u_x = u_y = u_z = 0$。

自由面可近似取法向应力为 $p_{nn} = -p_0$，切向应力为 $p_{n\tau} = 0$。

运动方程中的质量力在一定条件下可以消去。已知流体静压强 p_{st} 满足：

$$\frac{1}{\rho_f}\nabla p_{st} = \boldsymbol{f}$$

令广义压强 $p' = p - p_{st}$，有

$$\boldsymbol{f} - \frac{1}{\rho_f}\nabla p = \boldsymbol{f} - \frac{1}{\rho_f}\nabla p_{st} - \frac{1}{\rho_f}\nabla p' = -\frac{1}{\rho_f}\nabla p'$$

因此运动方程中的质量力项被消去，得

$$\frac{\partial \boldsymbol{u}}{\partial t} + (\boldsymbol{u}\nabla p')\boldsymbol{u} = -\frac{1}{\rho_f}\nabla p' + \nu\nabla^2 \boldsymbol{u}$$

当 ρ_f 为常数，质量力为重力，且 z 轴垂直向上时

$$p' = p + \rho g z + C = p - p_0 + \rho_f g(z - z_0)$$

黏性不可压缩流体的运动微分方程（2.4）是一个非线性的二阶抛物型偏微分方程，雷诺数 Re 作为其二阶导数项（即黏性项），其大小对方程的性质影响很大。

下面的分析从运动方程的无量纲化开始，以下带撇号的是无量纲化的时间、坐标、速度分量、压强和单位质量力：

$$t' = \frac{t}{T},\quad x_i' = \frac{x_i}{L},\quad u_i' = \frac{u_i}{U},\quad p' = \frac{p}{P},\quad f_i' = \frac{f_i}{g} \tag{2.5}$$

式中：T，L，U，P 分别为人为选择的特征时间、特征长度、特征速度和特征压强，将式（2.5）代入式（2.4）中，各项同除以 U^2/L，推导出无量纲化的运动方程：

$$Sr\frac{\partial u_i'}{\partial t'}+u_j'\frac{\partial u_i'}{\partial x_j'}=\frac{f_i'}{Fr^2}-Eu\frac{\partial p'}{\partial x_i'}+\frac{1}{Re}\frac{\partial^2 u_i'}{\partial x_j'^2} \tag{2.6}$$

方程中有 4 个反映流动性质的重要的无量纲参数（即流动相似理论中的相似准则数）：

斯特劳哈尔数：$Sr=\frac{L}{UT}\propto\frac{当地加速度}{迁移加速度}$

弗劳德数：$Fr=\frac{U}{gL}\propto\left(\frac{惯性力}{压力}\right)^{1/2}$

欧拉数：$Eu=\frac{p}{\rho_f U^2}\propto\frac{压力}{惯性力}$

雷诺数：$Re=\frac{UL}{\nu}\propto\frac{惯性力}{黏性力}$

下面重点讨论雷诺数所反映的流动性质。

雷诺数很小的流动，其黏性力远大于惯性力，即在运动方程中黏性项远大于对流项（或惯性项，即迁移加速度）。如果忽略对流项，运动方程在恒定流的条件下成为椭圆型方程。典型的例子是小雷诺数的圆球绕流。

当雷诺数趋于无穷大时，黏性项消失，运动方程变成双曲型方程，这是所谓方程的奇异性。

雷诺数很大时，黏性项远小于对流项，理论上可以忽略黏性项，近似按照理想流体来求解流体的流动。但根据圆柱绕流的理论分析，这种看似合理的理想流体假设将给出绕流阻力为零的错误结果，即所谓的“达朗贝尔佯谬”。显然，理想流体流动不能满足黏性流体的壁面边界条件，仅从这点就可以知道理想流体假设的局限性。

普朗特提出的边界层理论解决了这一矛盾。因为流体的壁面黏附条件而存在一紧贴壁面的剪切流动层，称为边界层，在其中存在足够大的横向速度梯度，使得流体的黏性作用不能忽略；理想流体假设只适用于边界层之外的流动。边界层中的流动应服从含有黏性项的边界层微分方程，该方程为抛物型微分方程，是边界层条件下 N-S 方程组的简化形式。

黏性不可压缩流体流动的解有以下几类。

（1）准确解，即 N-S 方程组的解析解。N-S 方程组是二阶非线性方程组，求解析解有很大困难，目前只有极少数简单的流动才有解析解。

（2）近似解。根据问题的特点，略去方程中的某些次要项，对简化后的方程求得的解就是所谓的近似解。例如：雷诺数很小时，黏性力远大于惯性力，可以忽略非线性的对流项，或者将对流项线性化，使方程简化为线性方程；雷诺数很大时，黏性力远小于惯性力，可以忽略黏性作用，按理想流体求解。但壁面附近边界层应与无黏流区域分开，单独求解边界层的微分方程或积分方程。

（3）数值解。当无法求解准确解和近似解时，如复杂边界形状及中等雷诺数（黏性力和惯性力作用都不可忽略）的情况，可以用数值方法求黏性不可压缩流体流动的数值解。既可以求 N-S 方程组的数值解，也可以求近似解。平面流动的情况还可以求涡量-流函数形式的数值解。如果雷诺数足够大以至于流动为紊流时，需求解紊流模型方程组获得数值解。

2.1.2　球形颗粒的阻力系数

球形颗粒的阻力系数可以分为小雷诺数和中高雷诺数两种情况求解。

小雷诺数情况时，当黏性流体流动的雷诺数很小时，惯性力远小于黏性力，运动方程中的对流项可以近似地取为零，恒定流的方程组变为

$$\begin{cases}\nabla\cdot\boldsymbol{u}=0\\ \nabla p=\mu\nabla^2\boldsymbol{u}\end{cases}\tag{2.7}$$

这种完全略去对流项得到的近似解称为零级近似解。方程组中没有考虑质量力，不妨认为 p 是广义压强。下面讨论图 2.2 所示的恒定圆球绕流问题的零级近似解。

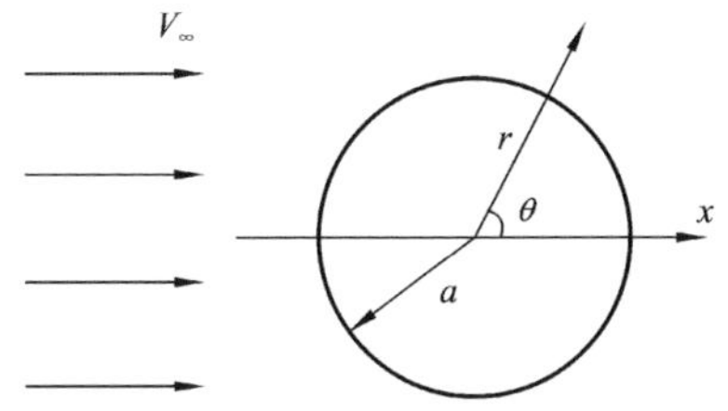

图 2.2　恒定圆球绕流示意图

圆球半径为 a，无穷远处均匀直线来流的流速为 V_∞。选取对称轴 x 轴与来流方向一致并通过球心，这是一个回转体轴对称问题。图中(r,θ)为球坐标，而所有流动参数均与另一个球坐标 λ 无关，且环绕 x 轴的速度分量 $u_\lambda=0$，则 $u_r=u_r(r,\theta)$，$u_\theta=u_\theta(r,\theta)$，$p=p(r,\theta)$，方程组为

$$\begin{cases}\dfrac{\partial u_r}{\partial r}+\dfrac{1}{r}\dfrac{\partial u_\theta}{\partial\theta}+\dfrac{2u_r}{r}+\dfrac{u_\theta\cot\theta}{r}=0\\ \dfrac{\partial p}{\partial r}=\mu\left(\dfrac{\partial^2u_r}{\partial r^2}+\dfrac{1}{r}\dfrac{\partial^2u_r}{\partial\theta^2}+\dfrac{2}{r}\dfrac{\partial u_r}{\partial r}+\dfrac{\cot\theta}{r^2}\dfrac{\partial u_r}{\partial\theta}-\dfrac{2}{r^2}\dfrac{\partial u_\theta}{\partial\theta}-\dfrac{2u_r}{r^2}-\dfrac{2\cot\theta}{r^2}u_\theta\right)\\ \dfrac{1}{r}\dfrac{\partial p}{\partial\theta}=\mu\left(\dfrac{\partial^2u_\theta}{\partial r^2}+\dfrac{1}{r}\dfrac{\partial^2u_\theta}{\partial\theta^2}+\dfrac{2}{r}\dfrac{\partial u_\theta}{\partial r}+\dfrac{\cot\theta}{r^2}\dfrac{\partial u_\theta}{\partial\theta}+\dfrac{2}{r^2}\dfrac{\partial u_r}{\partial\theta}-\dfrac{u_\theta}{r^2}\sin^2\theta\right)\end{cases}\tag{2.8}$$

边界条件为 $r=a$，$u_r=0$，$u_\theta=0$；$r=\infty$，$u_r=V_\infty\cos\theta$，$u_\theta=-V_\infty\sin\theta$，$p=p_\infty$。

用分离变量法求解式（2.8），假定：

$$u_r=f(r)F(\theta),\quad u_\theta=g(r)G(\theta),\quad P=P_\infty uh(r)H(\theta)\tag{2.9}$$

由无穷远处边界条件：$V_\infty\cos\theta=f(\infty)F(\theta)$，$-V_\infty\sin\theta=g(\infty)G(\theta)$ 得

$$\begin{cases}F(\theta)=\cos\theta\\ G(\theta)=-\sin\theta\\ u_r=f(r)\cos\theta\\ u_\theta=-g(r)\sin\theta\end{cases}\tag{2.10}$$

式（2.8）变为

$$\begin{cases} f'+\dfrac{2(f-g)}{r}=0 \\ H(\theta)h'r=\cos\theta\left[f''+\dfrac{2}{r}f'-\dfrac{4(f-g)}{r^2}\right] \\ H'(\theta)\dfrac{h}{r}=-\sin\theta\left[g''+\dfrac{2}{r}g'+\dfrac{2(f-g)}{r^2}\right] \end{cases} \tag{2.11}$$

显然 $H_\theta=\cos\theta$，所以有函数 f、h、g 的常微分方程组和定解条件如下：

$$\begin{cases} f'+\dfrac{2(f-g)}{r}=0 \\ h'=f''+\dfrac{2}{r}f'-\dfrac{4(f-g)}{r^2} \\ \dfrac{h}{r}=g''+\dfrac{2}{r}g'+\dfrac{2(f-g)}{r^2} \\ f(a)=0,g(a)=0,f(\infty)=V_\infty,g(\infty)=V_\infty \end{cases} \tag{2.12}$$

解得

$$f=\frac{1}{2}V_\infty\frac{a^3}{r^3}-\frac{3}{2}V_\infty\frac{a}{r}+V_\infty,\quad g=-\frac{1}{4}V_\infty\frac{a^3}{r^3}-\frac{3}{4}V_\infty\frac{a}{r}+V_\infty,\quad h=-\frac{3}{2}V_\infty\frac{a}{r^2} \tag{2.13}$$

于是得到黏性流体绕圆球流动的斯托克斯解：

$$\begin{cases} u_r=V_\infty\cos\theta\left(1-\dfrac{3}{2}\dfrac{a}{r}+\dfrac{1}{2}\dfrac{a^3}{r^3}\right) \\ u_\theta=-V_\infty\sin\theta\left(1-\dfrac{3}{4}\dfrac{a}{r}-\dfrac{1}{4}\dfrac{a^3}{r^3}\right) \\ p=p_\infty-\dfrac{3}{2}\mu\dfrac{V_\infty a}{r^2}\cos\theta \end{cases} \tag{2.14}$$

球面上非零的应力有

$$p_{rr}=-p=-p_\infty+\mu\frac{3V_\infty}{2a}\cos\theta,\quad p_{r\theta}=-\mu\frac{3V_\infty}{2a}\sin\theta \tag{2.15}$$

均对称于 x 轴，所以横向的合力分量为零，合力在 x 轴方向上，有

$$F_x=\int_0^\pi(p_{rr}\cos\theta-p_{r\theta}\sin\theta)2\pi a^2\sin\theta\mathrm{d}\theta$$

积分得

$$F_x=6\pi\mu V_\infty a \tag{2.16}$$

这就是著名的斯托克斯阻力公式，适用范围是颗粒雷诺数 $Re_\mathrm{p}=V_\infty d/\nu=2V_\infty a/\nu<1$，也有学者认为是 $Re_\mathrm{p}<0.1$ 或 $Re_\mathrm{p}<0.5$。这种阻力与来流流速成正比的圆球绕流称为斯托

克斯流（Stokes flow），其阻力系数为

$$C_{\mathrm{d}}=\frac{F_x}{\frac{1}{2}\rho_{\mathrm{f}}V_{\infty}^2\pi a^2}=\frac{12\nu}{V_{\infty}a}=\frac{24}{Re_{\mathrm{p}}} \tag{2.17}$$

其中三分之二源于黏性应力（即摩擦阻力），三分之一源于压力梯度（即压强阻力）。在 $Re_{\mathrm{p}}=0.1$ 处，由斯托克斯公式[式（2.16）]所得阻力系数 C_{d} 比计及惯性项时要低 2%。

为得到适用于 $Re_{\mathrm{p}}>0.5$ 范围的近似解，Ossen[16]认为圆球绕流的速度 $\boldsymbol{u}$ 偏离来流 V_{∞} 的那一部分是小量，在对流项中略去二阶小量，得到如下含有线性化对流项的运动方程组：

$$V_{\infty}\frac{\partial \boldsymbol{u}}{\partial x}=-\frac{1}{\rho_{\mathrm{f}}}\nabla p+\nu\nabla^2\boldsymbol{u} \tag{2.18}$$

与连续性方程（2.3）联立求解，得到圆球绕流的一级近似解：

$$\begin{cases} F_x=6\pi\mu V_{\infty}a\left(1+\dfrac{3aV_{\infty}}{8\nu}\right) \\ C_{\mathrm{d}}=\dfrac{24}{Re_{\mathrm{p}}}\left(1+\dfrac{3}{16}Re_{\mathrm{p}}\right) \end{cases} \tag{2.19}$$

其适用范围是 $Re_{\mathrm{p}}<5$。Ossen 解的阻力系数更加接近实测结果，略有偏大；斯托克斯解的阻力系数在 $Re_{\mathrm{p}}>1$ 范围则偏小。

上述讨论是雷诺数较小的情况，随着 Re_{p} 的增大，圆球绕流的 C_{d} 先是不断减小（$0.5<Re_{\mathrm{p}}<10^3$，但阻力还是增大的），然后趋于一常数（$10^3<Re_{\mathrm{p}}<3\times10^5$，此时绕流阻力 $F_{\mathrm{D}}\propto V_{\infty}^2$），这是因为此时边界层分离位置基本稳定。在 $Re_{\mathrm{p}}\approx2\times10^5$ 附近 C_{d} 突然减小，这是因为此时圆球表面形成紊流边界层，紊流的扩散作用可以使外部流动的能量传递给边界层使之不易停滞和分离，结果使分离点后移[17]。在过渡区（$0.5<Re_{\mathrm{p}}<10^3$），惯性力与黏性力均有一定作用，此时尚不存在理论解析解或二级以上近似解。对牛顿区（$10^3<Re_{\mathrm{p}}<3\times10^5$），实验表明 $Re_{\mathrm{p}}=5\times10^3$ 时，C_{d} 最小，为 0.38；$Re_{\mathrm{p}}=7\times10^3$ 时，C_{d} 最大，为 0.50。牛顿区圆球绕流 C_{d} 的实验平均值为 0.45。大量实验证明，静止水体中圆球绕流系数与雷诺数 Re_{p} 有关，不同 Re_{p} 区域有不同的 C_{d} 表达式，反映了不同运动状态下的不同沉降阻力规律。对于过渡区的圆球自由沉降速度和阻力系数，中外学者提出了不少计算公式，主要有以下几类。

1. 分段表达公式

Clift 等[18]对雷诺数范围进一步细分，得到如下分段表达公式，与圆球绕流实验数据较吻合：

$$C_{\mathrm{d}}=\begin{cases}\dfrac{24}{Re_{\mathrm{p}}}+\dfrac{3}{16}, & Re_{\mathrm{p}}\leqslant 0.1\\ \dfrac{24}{Re_{\mathrm{p}}}(1+0.135Re_{\mathrm{p}}^{0.82-0.05\lg Re_{\mathrm{p}}}), & 0.1<Re_{\mathrm{p}}\leqslant 20\\ \dfrac{24}{Re_{\mathrm{p}}}(1+0.193\,5Re_{\mathrm{p}}^{0.630\,5}), & 20<Re_{\mathrm{p}}\leqslant 260\\ 10^{1.643\,5-1.124\,2\lg Re_{\mathrm{p}}+0.155\,8(\lg Re_{\mathrm{p}})^2}, & 260<Re_{\mathrm{p}}\leqslant 1\,500\\ 10^{-2.457\,1+2.555\,8\lg Re_{\mathrm{p}}-0.929\,5(\lg Re_{\mathrm{p}})^2+0.104\,9(\lg Re_{\mathrm{p}})^3}, & 1\,500<Re_{\mathrm{p}}\leqslant 1.2\times10^4\\ 10^{-1.918\,1+0.637\lg Re_{\mathrm{p}}-0.063\,6(\lg Re_{\mathrm{p}})^2}, & 1.2\times10^4<Re_{\mathrm{p}}\leqslant 4.4\times10^4\\ 10^{-4.339+1.580\,9\lg Re_{\mathrm{p}}-0.154\,6(\lg Re_{\mathrm{p}})^2}, & 4.4\times10^4<Re_{\mathrm{p}}\leqslant 3.38\times10^5\\ 29.78-5.3\lg Re_{\mathrm{p}}, & 3.38\times10^5<Re_{\mathrm{p}}\leqslant 4\times10^5\\ 0.1\lg Re_{\mathrm{p}}-0.49, & 4\times10^5<Re_{\mathrm{p}}\leqslant 10^6\\ 0.19-8\times10^4 Re_{\mathrm{p}}, & 10^6<Re_{\mathrm{p}}\end{cases} \tag{2.20}$$

2. 张瑞瑾等公式

张瑞瑾[19]在研究泥沙的静水沉降速度时，认为过渡区的阻力既有黏性力的特点，也有紊流区阻力的特点，只是两者权重随 Re_{p} 的变化而变化。采用阻力叠加原则，得

$$k_1(\gamma_{\mathrm{s}}-\gamma_{\mathrm{f}})d^3=k_2\rho_{\mathrm{f}}\nu d\omega_{\mathrm{s}}+k_3\rho_{\mathrm{f}}d^2\omega_{\mathrm{s}}^2 \tag{2.21}$$

式中：k_1 为泥沙体积系数；k_2 和 k_3 为待定权重系数；ν 为运动黏性系数；ω_{s} 为静水沉降速度。

式（2.21）经简化后得

$$\omega_{\mathrm{s}}=-\frac{1}{2}\frac{k_2}{k_3}\frac{\nu}{d}+\sqrt{\left(\frac{1}{2}\frac{k_2}{k_3}\frac{\nu}{d}\right)^2+\frac{k_1}{k_3}\frac{\gamma_{\mathrm{s}}-\gamma_{\mathrm{f}}}{\gamma_{\mathrm{f}}}gd} \tag{2.22}$$

令 $C_1=\dfrac{1}{2}\dfrac{k_2}{k_3}$，$C_2=\dfrac{k_1}{k_2}$，则有

$$\omega_{\mathrm{s}}=-C_1\frac{\nu}{d}+\sqrt{\left(C_1\frac{\nu}{d}\right)^2+C_2\frac{\gamma_{\mathrm{s}}-\gamma_{\mathrm{f}}}{\gamma_{\mathrm{f}}}gd} \tag{2.23}$$

张瑞瑾在分析前人实验资料成果后，得到 $C_1=13.95$，$C_2=1.09$。因此式（2.23）最终为

$$\omega_{\mathrm{s}}=\sqrt{\left(13.95\frac{\nu}{d}\right)^2+1.09\frac{\gamma_{\mathrm{s}}-\gamma_{\mathrm{f}}}{\gamma_{\mathrm{f}}}gd}-13.95\frac{\nu}{d} \tag{2.24}$$

将式（2.24）代入式（2.2）可得阻力系数 C_{d} 的表达式如下：

$$C_{\mathrm{d}}=\frac{34}{Re_{\mathrm{p}}}+1.2 \tag{2.25}$$

窦国仁[20]、沙玉清[21]等学者所提出的公式在一些系数上稍有差别，但公式结构基本能一致表达为

$$C_{\mathrm{d}}=\left[\left(\frac{M}{Re_{\mathrm{p}}}\right)^{1/n}+N^{1/n}\right]^{n} \tag{2.26}$$

式中：M、N、n 为参数。表 2.1 列出了常见 M、N、n 的取值。

表 2.1　常见阻力系数公式中的 *M*、*N*、*n* 的取值

作者	M	N	n
Rubey[22]	24	2.1	1.0
张瑞瑾[19]	34	1.2	1.0
Van de Rijn[23]	24	1.1	1.0
Cheng[24]	32	1.0	1.5
窦国仁[20]	$12\left(1+\cos\frac{\theta}{2}\right)$	$\frac{9}{4}\left(1+\cos\frac{\theta}{2}\right)+0.45\varphi$	1.0
Wu 和 Wang[25]	53.5exp(−0.65csf)	5.65exp(−2.5csf)	0.7+0.9csf

注：θ 为分离角；φ 为修正颗粒沉降方向投影面积系数；csf 为颗粒的一维形状系数，见 2.1.3 小节

Clift 和 Gauvin[26]提出如下公式，与圆球绕流实验值相比误差在 6%以内（图 2.3）：

$$C_{\mathrm{d}}=\frac{24}{Re_{\mathrm{p}}}(1+0.15Re_{\mathrm{p}}^{0.687})+\frac{0.42}{1+42\,500Re_{\mathrm{p}}^{-1.16}} \tag{2.27}$$

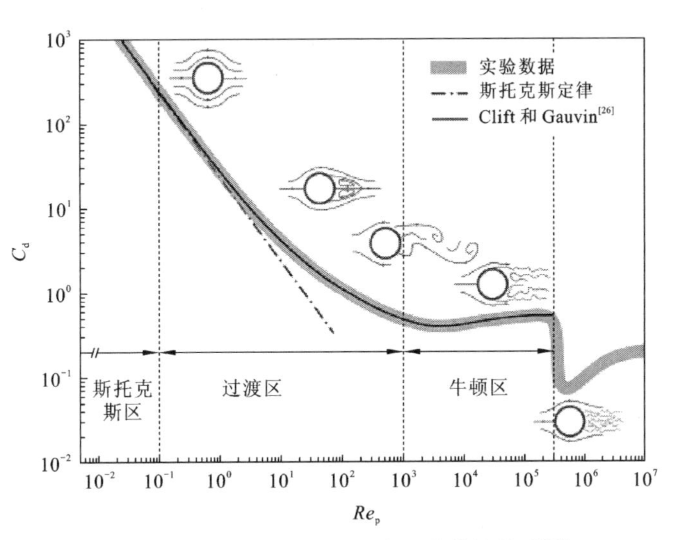

图 2.3　圆球阻力系数与颗粒雷诺数的关系[27]

2.1.3 非球形颗粒粒径及形状

对球形颗粒而言，其轴长相等，直径 d 是确定的。而非球形颗粒具有不同的轴长，因此通常采用等容粒径 $d_n=\sqrt[3]{6V/\pi}$ 来描述非球形颗粒的粒径[28]。

非球形颗粒一般为非等轴体，其形状采用形状系数来描述。在沉积学和泥沙运动学中，常用的形状系数有球形度（sphericity）和形状因子（form factor，如扁平度、伸长度及其组合形式）。形状系数是以预先测量的维变量（dimensional variables）如颗粒轴长、直径、投影面积、表面积或体积描述颗粒几何形状的数学表达式，这些维变量可以归为一维、二维和三维变量[29]。其中，最常见的是一维形状系数（corey shape factor，csf），依据其最大投影面积可以确定颗粒的三根轴长（L，I，S）。

$$\mathrm{csf}=\frac{S}{\sqrt{LI}} \tag{2.28}$$

式中：L 为长轴长；I 为中轴长；S 为短轴长。

一维形状系数仅需要三根轴长值，通常可以使用直尺、游标卡尺或螺旋测微器做多次直接测量，适于大样本容量。但其主要反映的是颗粒的扁平度，对质地粗糙的非规则颗粒，如火山岩等，则难以描述其不规则度。因此，一维形状系数更适于质地光滑、无突起的颗粒。二维或三维形状系数考虑了颗粒表面轮廓，因此更适于粗糙颗粒形状的描述。

二维变量如投影面积可以通过数码相机垂直拍摄物体，采用图像分析软件获得[29-30]。三维变量如体积和表面积的直接测量则需要三维扫描仪等更为复杂的仪器，不适于大量本容量。因此，三维变量通常基于低维变量间接获得[29,31-32]。例如，球形度定义为等容圆球表面积 A_{eq} 与颗粒实际表面积 A_s 之比：

$$\phi=\frac{A_{eq}}{A_s} \tag{2.29}$$

式中：$A_{eq}=4\pi(d_n/2)^2$。颗粒表面积为三维变量，若直接测量则耗费大量财力和时间。因此，假设颗粒为非等轴长椭球体，颗粒表面积可以基于一维变量获得[33]：

$$A_s=4\pi\left[\frac{(ab)^{\lambda}+(ac)^{\lambda}+(bc)^{\lambda}}{3-k(1-27abc(a+b+c)^{-3})}\right]^{1/\lambda} \tag{2.30}$$

式中：a、b、c 为椭球体三根半轴长；λ、k 为修正参数，$\lambda=1.5349$，$k=0.0942$。

显然，颗粒越接近圆球，ϕ越接近于 1。因此，对于给定颗粒体积，阻力系数 C_d 与球形度ϕ呈负相关关系。球形度的缺点在于颗粒表面积的确定。对于光滑规则或不规则颗粒，可以通过几何公式或式（2.30）近似获得颗粒表面积。而对于极不规则的粗糙颗粒，要精确描述其表面积则必须借助精密仪器或采用气容法测量。此外，球形度还存在一个问题：不同几何形状的颗粒可能具有相同的球形度。例如，狭长圆柱体（$h=20d$）和扁圆盘（$h=0.1d$），球形度都为 0.47。因此，需要考虑颗粒投影面周长以概化其不规则轮廓，其定义为最大投影面周长 P_{mp} 与等面积的圆周长 P_{eq} 之比：

$$X = \frac{P_{mp}}{P_{eq}} \tag{2.31}$$

式中：$P_{eq} = \pi\sqrt{LI}$。

若采用图像分析，P_{mp} 可以容易获得。若基于一维变量（L，I，S）计算，则可以将投影面积轮廓概化为椭圆，采用 Ramanujan 第一近似[34]：

$$P_{mp} \approx \pi[3(a+b) - \sqrt{10ab + 3(a^2 + b^2)}] \tag{2.32}$$

Dellino 和 Lavolpe[30]基于此提出了适用于粗糙岩石颗粒的形状系数：

$$\psi = \frac{\phi}{X} \tag{2.33}$$

需要注意的是，式（2.32）和式（2.33）仅适于光滑的近椭球体。精确测量二维和三维变量需要采用图像分析和其他精密仪器。

颗粒下沉时的迎流方向是影响非球形颗粒阻力系数的另一重要因素。重复性试验表明非球形颗粒不一定按照同一位置或朝向下沉，从而导致 C_d 非定值。Cox[35]的实验表明自由沉降的椭球体在斯托克斯流中会以最大迎流面积下沉。然而，绝大多数非规则颗粒在该区域并没有特定的迎流方向[26,36-38]。此外，如果颗粒做布朗运动，其朝向就更具有随机性[29]。

当 Re_p 增大到约 100 时，颗粒倾向于以最大迎流面积下沉。等轴颗粒（isometric particles）在 $70 < Re_p < 300$ 出现振荡和失稳现象；柱体沉降失稳开始于 $Re_p > 50$，振荡则出现于 $Re_p > 80 \sim 300$①；当 $Re_p < 100$ 时，圆盘以最大迎流面积下沉，而当 $Re_p > 100$ 后，其迹线混乱并伴有翻滚现象。到牛顿区，颗粒二次运动充分发展，颗粒迹线十分紊乱，其下沉朝向则更具有随机性。因此，针对上述情况，C_d 最好考虑取多次实验均值。

Leith[39]基于斯托克斯公式提出以下公式用于非球形颗粒阻力系数计算：

$$C_d = \frac{8}{Re_p}\frac{1}{\sqrt{\phi_\perp}} + \frac{16}{Re_p}\frac{1}{\sqrt{\phi}} \tag{2.34}$$

式中：$\phi_\perp$ 为横向球形度（crosswise sphericity），其定义与球形度类似，为等容圆球横截面面积与颗粒迎流横截面面积之比。式中第一项表征压差阻力，与投影横截面积有关；第二项为摩擦阻力，与表面积有关。

Hölzer 和 Sommerfeld[40]则将式（2.34）横向球形度替换为纵向球形度 $\phi_\parallel$，认为该球形度更能反映颗粒朝向对阻力系数的影响，并通过各流区公式组合得到统一的阻力系数表达式：

$$C_d = \frac{8}{Re_p}\frac{1}{\sqrt{\phi_\parallel}} + \frac{3}{\sqrt{Re_p}}\frac{1}{\phi^{3/4}} + 0.42 \times 10^{0.4(-\lg\phi)^{0.2}}\frac{1}{\phi_\perp} \tag{2.35}$$

式中存在三个球形度参数，其中纵向球形度 $\phi_\parallel$ 的确定最为复杂，其定义为等容圆球横截面面积与颗粒二分之一表面积和平均纵截面面积（平行于水流方向）差值之比，取决于观测视角。因此，该形状系数难以实际应用。

① 此处 Re_p 的取值与其他参数相关，故 Re_p 的值大于一个范围。

2.1.4 非球形颗粒阻力系数

对于非球形颗粒，阻力系数 C_d 与颗粒雷诺数 Re_p 的关系与球形颗粒相似。然而，颗粒形状、边壁条件、迎流方向和紊动等同样会影响颗粒沉降速度，使得非球形颗粒 C_d 的确定更为复杂。实际上，这些因素对 C_d 的影响同样取决于 Re_p。

本书采用无量纲形式的直径和颗粒沉降速度，汇编不同粒径和流体下的实验数据，提出一种新的计算非球形颗粒沉降速度和阻力系数的统一公式和分段表达式。

非球形颗粒沉降实验成果有很多，且多以 C_d 与 Re_p 的关系式表示其结果，但这种表达形式不适于汇编其他研究者的实验数据，而研究者的实验往往采用同一流体和颗粒材料，数据点通常位于某一区间，难以涵盖整个雷诺数区间。采用无量纲形式的变量可以汇编更多实验数据，得到更为精确的阻力系数表达式。

Dietrich[41]提出了无量纲直径 D_*和速度 W_*，定义如下：

$$D_* = \frac{(\rho_s - \rho_f)\rho_f g d_n^3}{\mu_f^2} \tag{2.36}$$

$$W_* = \frac{\rho_f^2 \omega_s^3}{(\rho_s - \rho_f) g \mu_f} \tag{2.37}$$

式中：μ_f 为动力黏性系数。对于球形颗粒，Dietrich 采用四阶多项式拟合 W_*和 D_*，与实验数据拟合较好。W_*确定后，由式（2.37）即可确定颗粒沉降速度 ω_s。

对于非球形颗粒，W_*和 D_*的关系更为复杂，Dietrich 汇总前人实验成果，采用双曲正切函数建立了 W_*和 D_*的关系，公式结构十分复杂。下面介绍本书采用的方法。

联立式（2.36）、式（2.37）和雷诺数定义式，可得

$$C_d Re_p^2 = \frac{4}{3} D_* \tag{2.38}$$

联立式（2.2）、式（2.36）和式（2.37），则 W_*与 Re_p 和 C_d 的关系如下：

$$W_* = \frac{4}{3} \frac{Re_p}{C_d} \tag{2.39}$$

将式（2.38）写成如下形式：

$$D_* = \frac{3}{4} C_d Re_p^2 \tag{2.40}$$

基于圆球阻力系数公式，采用三种形状系数 $F_s(\mathrm{csf}, \phi, \psi)$，可以得到新的阻力系数表达式。将式（2.40）中非球形颗粒 C_d 替换为圆球阻力系数[式（2.26）]，并以下标“o”表示，并在最末乘以 F_s，得到如下组合形式：

$$D_* = \beta_1 C_{d,o} Re_p^{\beta_2} F_s^{\beta_3} \tag{2.41}$$

式中：β_1，β_2，β_3 为拟合参数。指数公式结构相对简单，适于大量数据拟合。在不同雷诺数区间，惯性力与黏性力的权重不同，因此式（2.41）中雷诺数 Re_p 的指数没有如式（2.40）保留为 2。

为确定拟合参数，本书采用了前人泥沙沉降实验数据，列于表 2.2。实验数据点共 463 个，雷诺数为 0.03～10000。火山岩颗粒实验数据提供了 ϕ 和 ψ 值，而卵石和玻璃颗粒实验数据仅提供了一维变量（L，I，S），因此本书采用式（2.29）～式（2.33）估计 ϕ 和 ψ。采用多元非线性回归得到拟合参数。图 2.4 展示了 $F_s=\phi$ 时 D_* 与 $\beta_1 C_{d,o} Re_p^{\beta_2} F_s^{\beta_3}$ 的拟合程度，同时表 2.3 列出了部分公式的方差分析结果。

表 2.2　实验数据汇总

颗粒类型	Re_p	d_n/cm	csf	ϕ	数量
火山岩颗粒[42]	0.03～10 000	0.2～2.3	0.338～0.910	0.414～1.000	340
卵石[43]	0.04～2.02	0.4～1.6	0.272～0.751	0.714～0.954	51
玻璃颗粒[44]	0.07～1.36	0.65～1.86	0.199～0.762	0.579～1.000	72

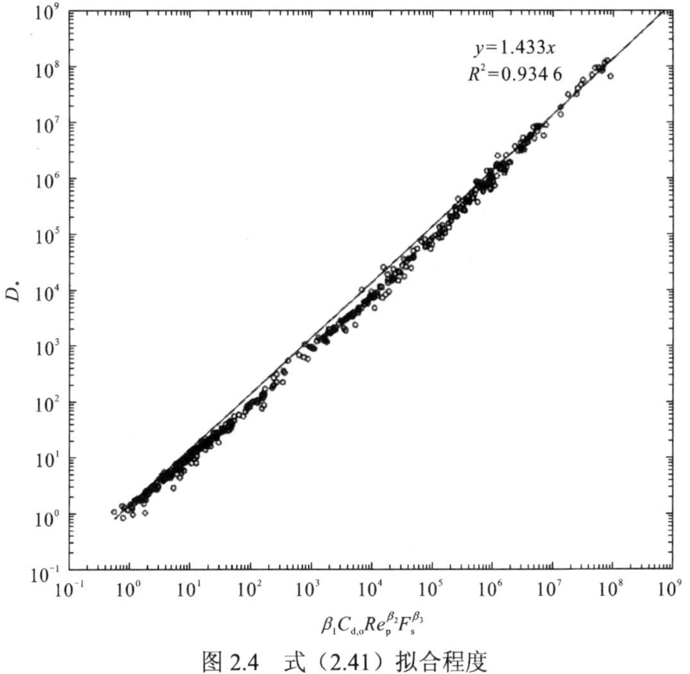

图 2.4　式（2.41）拟合程度

表 2.3　多元非线性回归方差分析

F_s	公式号	N	DF	SS_r	F	$\overline{R^2}$
csf	（2.43）	463	460	5.762	176 551	0.997
ϕ	（2.44）	304	301	1.605	76 268	0.996
ψ	（2.45）	159	156	1.560	180 568	0.990

注：N 为数据量；SS_r 为残差平方和；DF 为残差平方和的不确定度；F 为 F 检验值；$\overline{R^2}$ 为修正自由度的决定系数

联立式（2.38）和式（2.41）可得常见 C_d-Re_p 关系式如下：

$$C_d = \alpha_1 C_{d,o} Re_p^{\alpha_2} F_s^{\alpha_3} \tag{2.42}$$

式中：$\alpha_1 = 4\beta_1/3$，$\alpha_2 = \beta_2 - 2$，$\alpha_3 = \beta_3$。即当 $F_s = \text{csf}$ 时

$$C_d = \frac{0.9801 C_{d,o} Re_p^{0.0945}}{\text{csf}^{0.3223}} \tag{2.43}$$

当 $F_s = \phi$ 时

$$C_d = \frac{1.0175 C_{d,o} Re_p^{0.0737}}{\phi^{0.7352}} \tag{2.44}$$

当 $F_s = \psi$ 时

$$C_d = \frac{1.0324 C_{d,o} Re_p^{0.0702}}{\psi^{0.4460}} \tag{2.45}$$

在 2.1.3 小节提到，在低雷诺数下（Re_p<100），颗粒一般会以最大迎流面积下沉，而当 Re_p>100 后，颗粒运动不复稳定，其运动方式与轴长比 L/I 或形状系数有关。如图 2.5 所示 Re_p 和 D_*的关系，可以看到 Re_p=100 与 $D_*=10^4$ 相对应，与前述成果结论一致。

将式（2.37）中非球形颗粒阻力系数 C_d 以圆球阻力系数公式（2.27）代替，得到无量纲速度 $W_{*,o}$。如图 2.6 所示 W_*-D_*和 $W_{*,o}$-D_*的关系，可以看到，当 $D_*<10^4$ 时，非球形颗粒的无量纲速度曲线 W_*-D_*分散于等容圆球的无量纲速度曲线 $W_{*,o}$-D_*两边，两者十分贴近；当 $D_*>10^4$ 时，W_*-D_*曲线明显低于 $W_{*,o}$-D_*，表明在这一区间颗粒形状对沉降速度及阻力系数的影响更大。因此，本书依据汇总数据，以 $D_*=10^4$ 为分界点（$D_*>10^4$ 的点数量为 159，$D_*<10^4$ 的点数量为 304），采用上述方法建立了分段函数的阻力系数表达式。

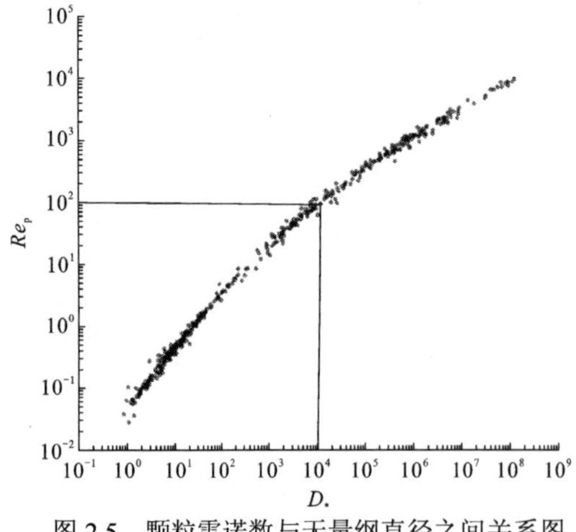

图 2.5 颗粒雷诺数与无量纲直径之间关系图

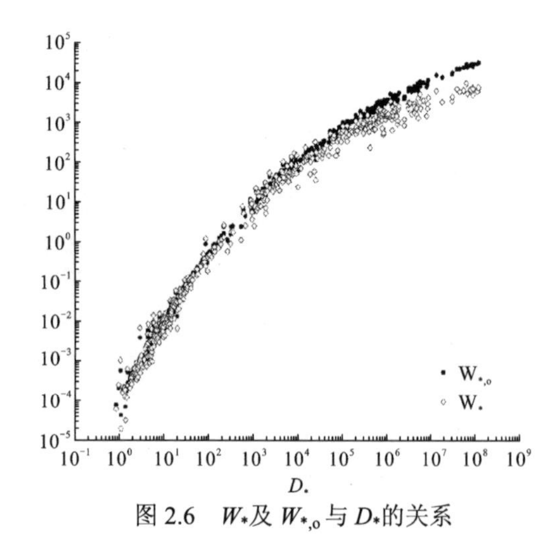

图 2.6 W_*及 $W_{*,o}$与 D_*的关系

当 $F_s=\text{csf}$ 时

$$C_d=\begin{cases}\dfrac{1.0707C_{d,o}Re_p^{0.0290}}{\text{csf}^{0.1609}}, & Re_p\leqslant 100\quad (D_*\leqslant 10^4)\\[2ex] \dfrac{0.3791C_{d,o}Re_p^{0.2299}}{\text{csf}^{0.5631}}, & Re_p>100\quad (D_*>10^4)\end{cases} \tag{2.46}$$

当 $F_s=\phi$ 时

$$C_d=\begin{cases}\dfrac{1.0420C_{d,o}Re_p^{0.0112}}{\phi^{0.5831}}, & Re_p\leqslant 100\quad (D_*\leqslant 10^4)\\[2ex] \dfrac{0.3981C_{d,o}Re_p^{0.2117}}{\phi^{1.0006}}, & Re_p>100\quad (D_*>10^4)\end{cases} \tag{2.47}$$

当 $F_s=\psi$ 时

$$C_d=\begin{cases}\dfrac{1.0759C_{d,o}Re_p^{0.0095}}{\psi^{0.2927}}, & Re_p\leqslant 100\quad (D_*\leqslant 10^4)\\[2ex] \dfrac{0.4149C_{d,o}Re_p^{0.1962}}{\psi^{0.7090}}, & Re_p>100\quad (D_*>10^4)\end{cases} \tag{2.48}$$

表 2.4 列出了式（2.43）～式（2.48）平均相对误差 $|\text{err}\%|=|\omega_c-\omega_m|/\omega_m\times 100\%$ 的绝对值 $\overline{|\text{err}\%|}$。其中，$\omega_c$ 为公式计算所得的沉降速度，ω_m 为实测值。

表 2.4　各公式相对误差

公式号	最小相对误差 min|err%|	最大相对误差 max|err%|	平均相对误差 $\overline{\|\text{err}\%\|}$
(2.43)	0.01	64.98	9.72
(2.44)	0.01	46.83	9.68
(2.45)	0.03	43.79	10.10
(2.46)	0.02	50.15	7.64
(2.47)	0.02	45.12	6.73
(2.48)	0.02	50.56	7.05

由表 2.4 可以看到，csf、ϕ 和 ψ 均可用于描述非球形颗粒不规则度，相关公式拟合效果较好。由表 2.4 可以看出，式（2.47）和式（2.48）的 $\overline{|\text{err}\%|}$ 最小，表明 ϕ 对实验颗粒形状描述最佳。此外，分段表达式（2.44）～式（2.48）模拟精度较统一形式的公式有所提高。值得注意的是，三种形状系数下的公式拟合程度差异并不大，这可归因于三位形状系数 ϕ 和 ψ 的计算基于一维变量（L，I，S）。因此，采用足够精度的图像分析法获得 ϕ 和 ψ 的值能继续提高公式的精度。

2.2 种子起动临界条件

逐渐增加水流强度，沉降于河流床面的种子由静止转入运动，随后继续随水流传播的过程称为二次传播。这一过程多出现于秋冬季涨水期，种子起动的频率与数量往往与水位过程线相对应[4,37]。

泥沙起动是河流动力学中一个极其重要的基本问题，国内外研究十分丰富，且针对不同性质的颗粒、粒径组成等，取得了相应可靠的研究成果。尽管种子等有机质的物理特性与泥沙有区别，并且泥沙起动多考虑床沙或以群体颗粒考虑，但泥沙起动的相关概念和理论可以作为借鉴。

2.2.1 散体颗粒的起动

位于床面的散体颗粒，在水流作用下受到两类作用力：一类为促使颗粒起动的力，如水流的曳力 F_D 和升力 F_L；另一类为抗拒颗粒起动的力，如颗粒重力 W。本书不考虑细颗粒之间的黏结力 N。其中，F_D 由流体绕过颗粒时出现的肤面摩擦及迎流面和背流面的压力差所构成，其方向和水流方向相同；F_L 是由绕流所带来的颗粒顶部流速大、压力小，底部流速小、压力大所造成的，分别可用式（2.49）表达：

$$\begin{cases} F_{\mathrm{D}} = C_{\mathrm{d}} a_1 d^2 \dfrac{\rho_{\mathrm{f}} u_{\mathrm{b}}^2}{2} \\ F_{\mathrm{L}} = C_{\mathrm{L}} a_2 d^2 \dfrac{\rho_{\mathrm{f}} u_{\mathrm{b}}^2}{2} \end{cases} \tag{2.49}$$

式中：C_d 为曳力系数或阻力系数；C_L 为升力系数；a_1、a_2 为垂直于水流方向及铅直方向的颗粒面积系数；u_b 为作用于颗粒的瞬时流速。

颗粒水下重量可写为

$$W = a_3(\rho_{\mathrm{s}} - \rho_{\mathrm{f}}) g d^3$$

式中：a_3 为颗粒体积系数，对于圆球 $a_3=\pi/6$。

考虑圆球颗粒情况，以颗粒滑动为起动形式，则颗粒临界起动的受力平衡方程可以写为

$$\frac{1}{2}\rho_{\mathrm{f}} C_{\mathrm{d}} a_1 d^2 u_{\mathrm{bc}}^2 = f\left[(\rho_{\mathrm{s}} - \rho_{\mathrm{f}}) g a_3 d^3 - \frac{1}{2}\rho_{\mathrm{f}} C_{\mathrm{L}} a_2 d^2 u_{\mathrm{bc}}^2\right] \tag{2.50}$$

式中：u_{bc} 为临界流速；f 为摩擦系数。化简后得

$$\frac{u_{\mathrm{bc}}^2}{(s-1)gd} = \frac{2a_3 f}{a_1 C_{\mathrm{d}} + a_2 f C_{\mathrm{L}}} \tag{2.51}$$

式中：$s = \rho_{\mathrm{s}} / \rho_{\mathrm{f}}$，为相对密度。

由于作用于颗粒的近底流速在实际工作中不易确定，采用对数流速分布公式计算：

$$\frac{u}{u_*}=5.75\lg\left(30.2\frac{y\chi}{k_s}\right)$$

式中：u_*为摩阻流速；y 为距槽底距离；k_s 为河床糙度，当河床组成为均匀沙时，$k_s=d$，当河床组成为非均匀沙时，取 $k_s=d_{65}$；χ 为校正参变数，$\chi=f(k_s/\delta)$，δ 为光滑床面的黏性底层厚度，$\delta=11.6\nu/u_*$，ν 为水的运动黏性系数。

取作用于颗粒的流速所在的特征高度 $y=\alpha k_s$，经换算可得

$$\frac{u_{*,c}^2}{(s-1)gd}=\frac{\tau_{bc}}{(\rho_s-\rho_f)gd}=\theta_c \tag{2.52}$$

式中：$u_{*,c}$ 为起动摩阻流速；θ_c 为临界希尔兹数，且

$$\theta_c=\frac{1}{[5.75\lg(30.2\alpha\chi)]^2}\frac{2a_3f}{a_1C_d+a_2fC_L}$$

τ_{bc} 为起动拖拽力，即颗粒处于起动状态时的床面切应力，其值等于单位面积床面上的水体重量在水流方向的分力：

$$\tau_{bc}=\rho_f ghJ=\rho_f u_*^2 \tag{2.53}$$

式中：J 为比降。

对于粗颗粒泥沙，$\chi=1$，C_d、C_L 在平均情况下取定值，θ_c 视为定值。对于细颗粒泥沙，χ、C_d、C_L 为不同形式的摩阻雷诺数 $Re_*=u_*d/\nu$ 的函数，因此 θ_c 也可表示为 Re_*的函数：

$$\frac{\tau_{bc}}{(\rho_s-\rho_f)gd}=\theta_c=f\left(\frac{u_*d}{\nu}\right) \tag{2.54}$$

式（2.54）为希尔兹起动拖曳力公式。其中：$\theta=\dfrac{\tau_b}{(\rho_s-\rho_f)gd}$ 称为希尔兹数，相应地，$\theta_c=\dfrac{\tau_{bc}}{(\rho_s-\rho_f)gd}$ 为临界希尔兹数[45]。

因此，可以得到颗粒起动的标准：$\theta>\theta_c$，或 $u_*>u_{*,c}$，或 $\tau_b>\tau_{bc}$。三个标准本质相同，可以相互转换。

希尔兹及后来学者通过大量试验获得散粒体泥沙的希尔兹起动曲线。希尔兹起动曲线近似为马鞍形，点群比较分散。当 $Re_*\approx2$ 时，θ_c 随 Re_*增大而下降。当 Re_*在 10 附近时，θ_c 最小，此时泥沙相对而言最容易起动。当 $Re_*>10$ 时，曲线缓慢上升，并在 $Re_*>\approx400$ 时，θ_c 趋近于常数 0.045。Cao 等[46]得到 θ_c- Re_*关系式如下：

$$\theta_c=\begin{cases}0.1096Re_*^{-0.2607}, & Re_*<\approx2\\ \dfrac{9}{50Re_*}[1+(0.1359Re_*)^{2.5795}]^{0.5003}, & 2<Re_*<60\\ 0.045, & Re_*>\approx60\end{cases} \tag{2.55}$$

2.2.2 种子在床面的起动

从 Chambert 和 James[47]的沉水种子起动实验结果可以看到，点群偏离希尔兹弯曲带。因此，对于沉于床面的种子，上述希尔兹起动曲线不能直接应用于种子的起动条件判定。主要原因是试验种子直径大于床面泥沙，而起动标准和经验公式与之不相适应，故须考虑种子颗粒在床面泥沙群体颗粒中的凸起作用。为此，可以借鉴非均匀沙的起动公式，将床面种子视为较粗颗粒或推移质中的最大颗粒。

在床面泥沙群体颗粒中，较粗颗粒凸起于床面，受到暴露作用，易于起动；而床面细颗粒泥沙则受到隐蔽作用，难以起动，同时颗粒间黏性力不能忽视，因此对于床面种子的起动条件判别，不能直接采用均匀沙的起动公式。在考虑床面单颗粒受力时，除 2.2.1 小节所提到的力，还应考虑非均匀沙颗粒的组成及相对隐暴作用产生的附加力。对此，不同学者从不同角度提出了不同的附加力，使得非均匀沙的起动判别与同粒径均匀沙有所差异。例如，秦祖昱提出，当起动粒径 d_0 小于床沙最大粒径 $D_{\max}$ 时，与均匀沙中单颗粒比较，该颗粒起动要多承受一个床沙组成自然粗化作用施加的阻力，包括颗粒间接触力及摩擦力，称为附加阻力。另一种方法，就是在均匀沙起动的基础上，加上隐暴参数ξ[45]

$$U_{ci} = \xi U_{c}$$

$$\theta_{ci} = \xi \theta_{c}$$

$$\xi = f\left(\frac{d_{i}}{d_{m}}\right)$$

式中：U_c 为垂线平均流速；d_i 为分组中值粒径；d_m 为加权平均粒径。

Egigazaroff[48]认为式（2.54）仍可用于计算非均匀沙某一特定粒径 d_i 的起动拖曳力。由于是非均匀沙，以 $\alpha d_i/d_m$ 代替 α，相应地，αd_i 为作用流速的特征高度，d_m 为非均匀沙的当量糙度。对于圆球颗粒，略去式（2.52）中 θ_c 的 $\alpha_2 f C_L$ 项，取 $\alpha_1=1/4$，$\alpha_3=1/6$，校正参变数 $\chi=1$，$\alpha=0.63$，$C_d=0.4$，$f=1$，由此可得粒径 d_i 颗粒的临界希尔兹数：

$$\theta_{ci} = \frac{0.1}{\left[\lg\left(19\frac{d_{i}}{d_{m}}\right)\right]^{2}} \tag{2.56}$$

用式（2.56）与均匀沙公式（2.52）相比，可得到如下形式：

$$\frac{\theta_{ci}}{\theta_{c}} = \frac{\lg 19}{\left[\lg\left(19\frac{d_{i}}{d_{m}}\right)\right]^{2}} \tag{2.57}$$

按照上述公式，非均匀沙中等于平均粒径的颗粒起动拖曳力与同粒径的均匀沙完全相同，这一点并不合理[45]。由于研究对象为粗颗粒的床面种子，颗粒起动拖曳力不会带来影响。但一些系数取值有待商榷。例如，由 2.2.1 小节提到，当 $Re_p>10^4$ 时，C_d 取 0.4，此处近底水流结构未知，应依据水流状态对 C_d 取值，可以采用式（2.43）～式（2.48）

中合适公式进行计算。由于种子并非床沙组成部分，以等容直径 d_n 代替 d_i，以床沙中值粒径 d_{50} 代替 d_m。因此有种子临界切应力 θ_{cs}：

$$\theta_{cs}=f\left(\frac{d_n}{d_{50}}\right)\theta_c \tag{2.58}$$

本节中，考虑种子在均匀沙床面的起动，采用如下对数流速分布：

$$u=\frac{u_*}{\kappa}\ln\left(\frac{z}{z_0}\right)$$

式中：κ 为卡门常数，取为 0.4；z_0 为流速为零的位置，由尼古拉兹圆管试验有

$$z_0=\begin{cases}0.11\dfrac{\nu}{u_*}, & \dfrac{u_*k_s}{\nu}\leqslant 5\\ 0.11\dfrac{\nu}{u_*}+0.033k_s, & 5<\dfrac{u_*k_s}{\nu}\leqslant 70\\ 0.033k_s, & \dfrac{u_*k_s}{\nu}>70\end{cases}$$

参照 Egigazaroff 的方法，k_s 取为$(1\sim10)\times d_{50}$，C_d 根据式（2.26）或式（2.43）～式（2.48）计算（Re_*代替 Re_p），其他取值相同，得到床面种子的起动条件：

$$\theta_{cs}=\frac{0.258}{C_d\ln^2\left(\dfrac{d_n}{d_{50}}\right)} \tag{2.59}$$

2.2.3　相关实验结论

床面种子起动实验采用荷花、睡莲和菖蒲种子。实验水槽尺寸为 6 m×0.3 m×0.5 m。实验在三种糙度河床（混凝土平底河床、细沙河床和砾石河床）上进行（图 2.7），床沙近似为均匀沙，沙粒中值粒径 d_{50} 分别为 0.05 cm、0.30 cm，河床糙度 k_s 分别取为 0.10 cm、0.50 cm 和 3.00 cm。实验前将沙砾平铺于水槽中段，厚度约 1 cm，长度 1 m。实验步骤如下。

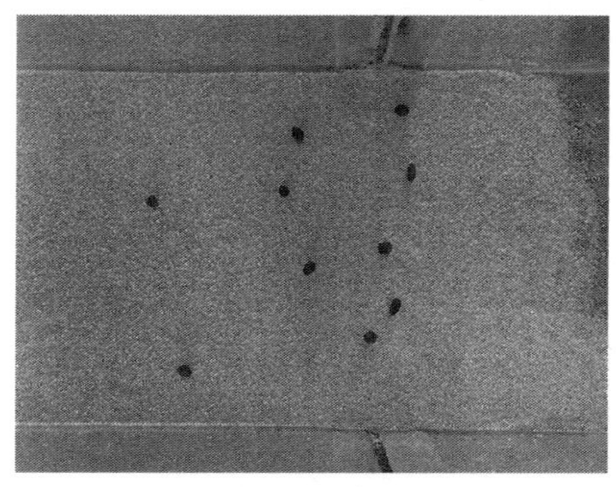

（a）细沙河床床面

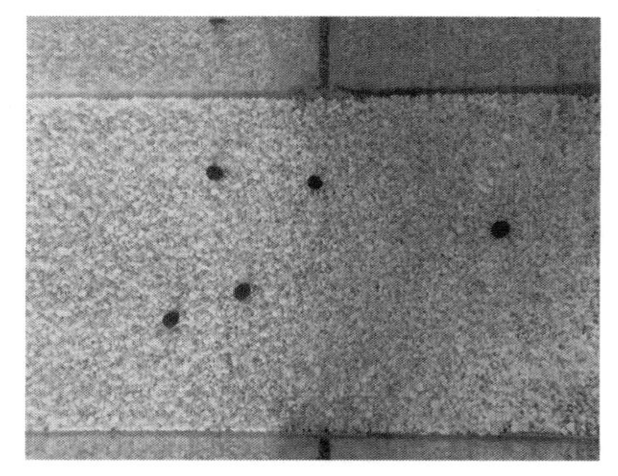

（b）砾石河床床面

图 2.7　不同糙度床面的种子起动实验图

（1）水槽进水口处放置泡沫板作整流器，同时调节尾门及填补空隙使水流仅从尾门顶部漫过，保证水流近似为均匀流及近底流速的稳定。通过调节流量和尾门，将水流调为小流量均匀流且水位控制为 20 cm。

（2）放置 10 颗种子于床面。由于水槽宽度较窄，种子间相互碰撞不可避免，并且入水放置必然引起水流紊动而影响种子起动观察。因此，实验于铺沙上游 20～30 cm 处水面，以单颗投放方式，使种子自然沉降于铺沙床面。

（3）通过调节阀门和调节尾门的方法来控制流速，使流速逐渐增大，并且水深控制在 20 cm 左右。每次变动后，待水流再次稳定，观察种子的运动情况。判断种子起动标准：至少 7 颗种子连续运动 20 cm 或总共移动 50 cm。

（4）当种子到达起动标准，读取此时流量、水位。然后采用声学多普勒流速仪对种子从起动处底部开始测量流速，频率 50 Hz，采样时间 160 s，即每个测点获得 8 000 个瞬时流速值，近底每隔 0.1 cm 取一个测点，离水面附近每隔 0.5 cm 取一个测点。同一条垂线上测量 12～16 个点。

由同一垂线流速测点数据拟合对数流速分布得到各类种子在不同床面条件下的起动摩阻流速 $u_{*,c}$（图 2.8），实验结果列于表 2.5，其中 u 为断面平均流速。对于同一种子，随着河床糙度增大，其起动摩阻流速相应增大，从而减小了种子起动、悬浮并二次传播的概率。在沙砾河床实验过程中，菖蒲种子直径过小（$d_n<d_{50}$），常嵌于沙砾间隙难以起动，故本书未得到该情形下菖蒲种子的起动条件。种子随水流运动表现为在河床表面滑动、翻滚、跳跃，运动轨迹多样。实验中观测到荷花种子在平底与细沙河床上以滚动起动形式为主，少数以滑动起动，运动轨迹近似为直线；睡莲种子起动形式则没有明显偏好，但运动轨迹更杂乱。在沙砾河床上，两种种子都以滚动形式起动，并且沙砾间隙对其运动有较大影响。菖蒲种子在平底与细沙河床上主要以滑动形式起动。床面颗粒的起动形式应与颗粒形状及近底水流紊动特性相关。

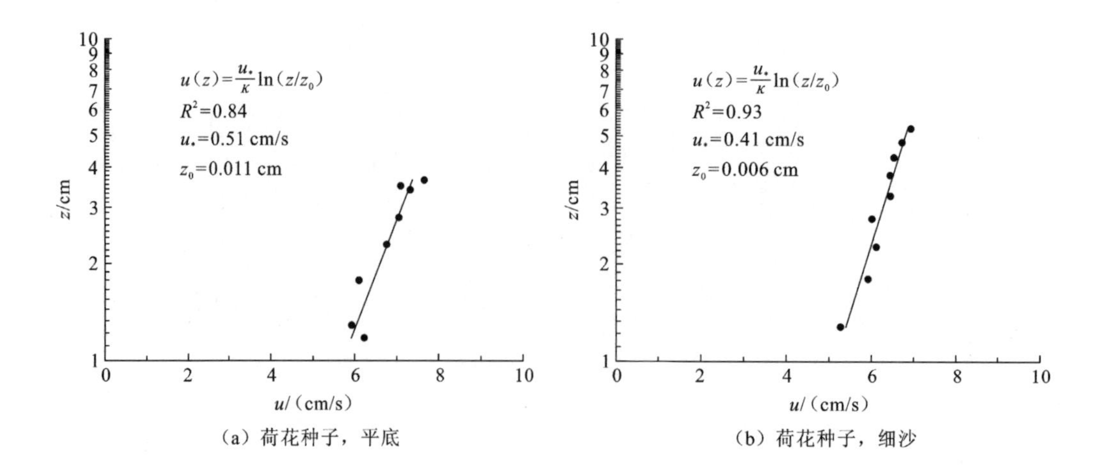

（a）荷花种子，平底　（b）荷花种子，细沙

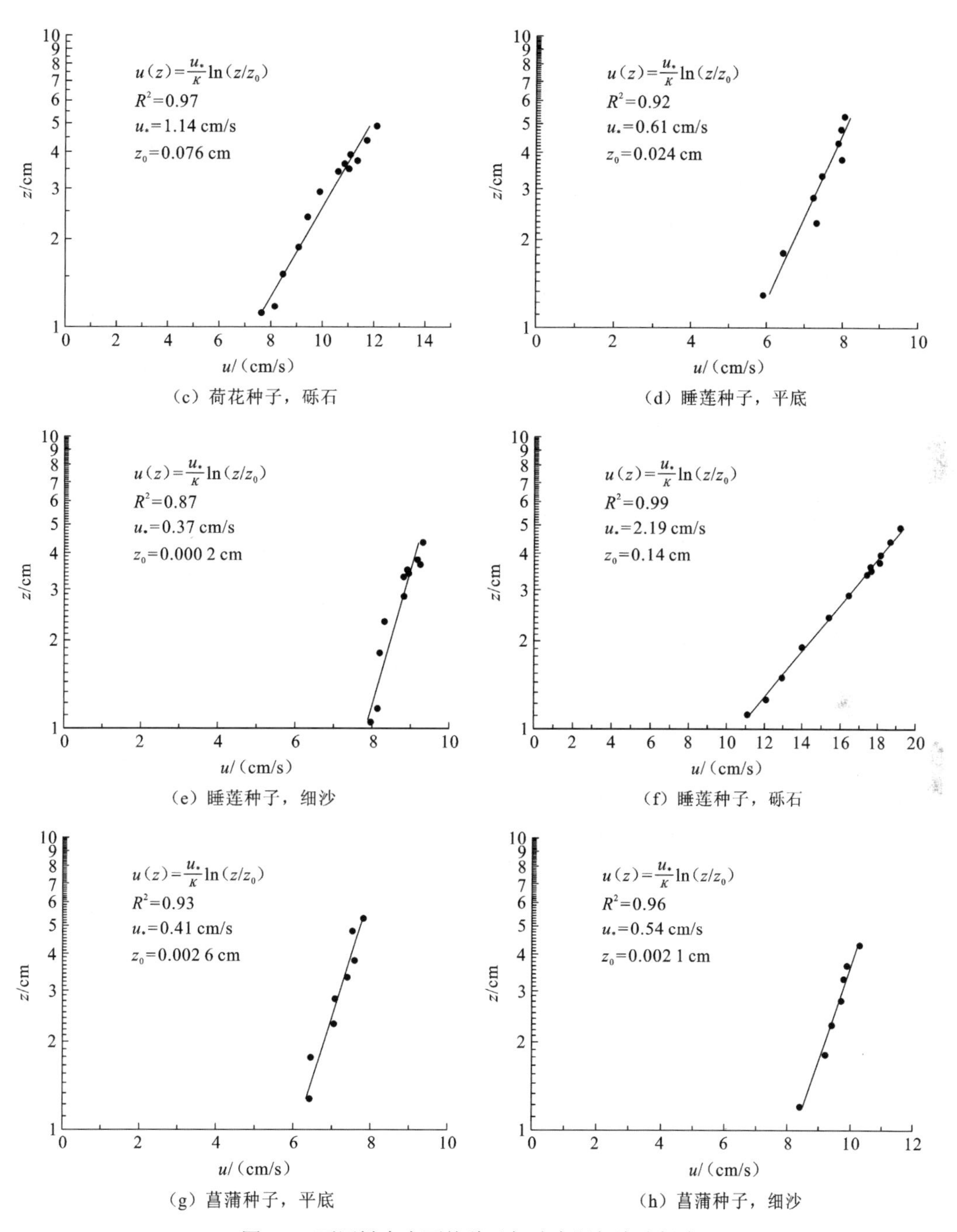

图 2.8　不同糙度床面的种子起动摩阻与流速拟合

表 2.5　不同糙度床面的种子起动摩阻流速

种子类型	k_s/cm	$u_{*,c}$/（cm/s）	Re_*	u/（cm/s）
荷花	0.10	0.64	95	7.97
	0.50	0.88	130	10.64
	3.00	0.52	195	17.02
睡莲	0.10	0.64	100	7.50
	0.50	0.88	70	14.81
	3.00	0.52	261	20.79
菖蒲	0.10	0.64	13	14.78
	0.50	0.88	25	15.73

实验观测发现，种子在床面的运动并不连续，表现为走走停停，这应与水流脉动特性及床面糙度不均匀性有关。由于水槽宽度较窄，种子在运动过程中很容易受到槽壁影响，从而停止运动。此时借助工具将该种子平移到水槽中央，使其与槽壁不接触，消除槽壁的阻挡作用，同时尽量不扰动其他种子。

细沙床面流速测量数据点较为杂乱，对数速度分布公式拟合效果较差，采用雷诺应力法则更差。这可能与细沙床面水流为紊流过渡区，实验测量时未能捕捉到相应边界有关。

由于实验样本数据过少，结合实验结果与 Chambert 和 James[47]的起动实验数据（表 2.6）一并分析式（2.58）与式（2.59）的拟合效果，评估应用泥沙起动理论于床面种子起动的适用性。式（2.58）或式（2.59）高估了床面种子的临界希尔兹数，表明均匀沙的希尔兹曲线不能直接用于床面种子的起动。从非均匀沙角度考虑，式（2.58）的模拟效果有所改善，表明种子作为床面泥沙中的粗颗粒考虑是可行的，但当摩阻雷诺数 $Re_*\geqslant 400$ 时，式（2.58）及其他学者公式，如式（2.59）都高估了种子的起动条件，这与水流紊动结构有关。此时，可以采用组分泥沙起动的经验公式：

$$\theta_c = \alpha\left(\frac{d_n}{d_{50}}\right)^{\beta} \tag{2.60}$$

式中：α 和 β 为经验参数。对于组分泥沙，经验参数取值范围：α 为 0.02～0.07，β 为 -1.3～-0.81。

表 2.6　床面种子起动条件

种子类型	d_{50}/cm	Re_*	C_d	$u_{*,c}$/（cm/s）	θ_{co}	θ_{cs}
贝壳花	0.144	146	0.9	0.91	0.007	0.008
	0.203	163	0.9	1.02	0.009	0.010
	0.286	184	0.8	1.15	0.012	0.012
	0.405	222	0.8	1.39	0.017	0.015

续表

种子类型	d_{50}/cm	Re_*	C_d	$u_{*,c}$/（cm/s）	θ_{co}	θ_{cs}
谷粒	0.144	148	0.9	1.06	0.004	0.009
	0.203	221	0.8	1.58	0.008	0.012
	0.286	277	0.7	1.98	0.013	0.015
	0.405	332	0.6	2.37	0.018	0.018
黄刺玫	0.144	226	0.8	1.41	0.005	0.010
	0.203	306	0.7	1.91	0.010	0.013
	0.286	363	0.6	2.27	0.014	0.016
	0.405	432	0.6	2.70	0.019	0.019
鹰嘴豆	0.144	741	0.5	1.30	0.001	0.011
	0.203	855	0.5	1.50	0.001	0.012
	0.286	986	0.4	1.73	0.002	0.014
	0.405	1 180	0.4	2.07	0.002	0.017
美国蜡梅	0.144	222	0.8	1.48	0.006	0.010
	0.203	281	0.7	1.87	0.009	0.013
	0.286	344	0.6	2.29	0.014	0.016
	0.405	386	0.6	2.57	0.017	0.019
绿眼	0.144	343	0.6	1.04	0.001	0.009
	0.203	475	0.6	1.44	0.002	0.012
	0.286	637	0.5	1.93	0.003	0.015
	0.405	776	0.5	2.35	0.005	0.018
香豌豆	0.144	391	0.6	1.15	0.001	0.010
	0.203	479	0.6	1.41	0.001	0.012
	0.286	632	0.5	1.86	0.002	0.015
	0.405	792	0.5	2.33	0.003	0.018
荷花	0.02	61	1.4	0.41	0.003	0.005
	0.05	169	0.8	1.14	0.004	0.005
	0.30	195	0.8	1.32	0.022	0.023

续表

种子类型	d_{50}/cm	Re_*	C_d	$u_{*,c}$/（cm/s）	θ_{co}	θ_{cs}
睡莲	0.02	100	1.1	0.85	0.005	0.004
	0.05	70	1.3	0.60	0.002	0.009
	0.30	261	0.7	2.23	0.060	0.080
菖蒲	0.02	13	3.4	0.52	0.014	0.004
	0.05	25	2.2	1.00	0.024	0.004

对于种子起动实验数据，经曲线拟合得到参数取值为 $\alpha=0.26$，$\beta=-1.9$。故本书提出床面种子起动条件判定公式：

$$\theta_{cs}=\begin{cases}\dfrac{0.258}{C_d\ln^2\left(\dfrac{d_n}{d_{50}}\right)}, & Re_*\leqslant 400\\ 0.26\left(\dfrac{d_n}{d_{50}}\right)^{-1.9}, & Re_*>400\end{cases} \tag{2.61}$$

由图 2.9 式（2.61）的拟合程度可见，式（2.61）计算值与实测值数量级基本一致，误差在 2 倍以内，且在 $Re_*>\approx400$ 时，拟合程度较好，故式（2.61）可以用于床面种子的起动条件判定。

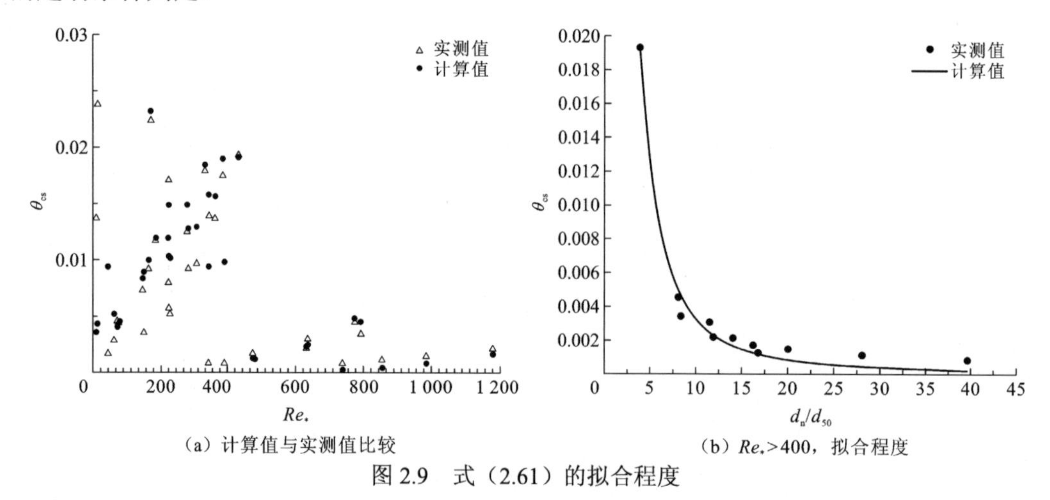

（a）计算值与实测值比较　　（b）Re_*>400，拟合程度

图 2.9　式（2.61）的拟合程度

2.3　风对水媒传播的影响

2.3.1　风驱水媒传播

自 20 世纪开始，学者们开展大量关于不同生态系统中植物繁殖体经由风动力散播的研究，并以适应于干旱生存空间的陆生植物为主，大部分为大乔木和藤蔓，其余少量为

小乔木及灌木；但近年来的一些观测数据表明[48-51]，风媒传播对于一些湿地植物物种同样具有十分重要的作用，但是对植物繁殖体的风媒与水媒传播整合分析的研究还在初步探索阶段，除少数基于特定植物散播过程现象学分析外，对其机理模型的进一步分析尚处于空白。综合学者在植物繁殖体风媒及水媒传播过程的观测，具有漂浮能力的繁殖体的风媒传播过程可以分为以下三个阶段。

（1）风力作用下促进成熟的种子从母体脱落的过程[52]。例如，生长在日本的白蜡果实只有在强风条件时才能从母体上脱落进入散播阶段[52]。

（2）风媒运动作用下种子从母体降落到地面或者水面的过程，该过程为风力作用下第一次位移且直接决定种子下一阶段的输运命运，之前的一些研究数据表明，风力作用下的第一次位移过程很少能使种子的扩散距离超过 100 m[53]。

（3）风力作用下降落到地面或者水面的种子进行的二次位移，包括在陆地上的滑行及弹跳过程，以及在风力和水流共同作用下的长距离输运过程。

在湿地生态系统中，植物繁殖体的散播及定植事件对于植物群落分布模式及基因多样性具有重要意义，最为常见的风媒、水媒及动物媒被认为是高效率远距离传播的传播媒介，且这些传播媒介之间是相互依存的[54]。水生植物种子（繁殖体）大多具备漂浮能力，长时间的漂浮状态可以大大增加其进行远距离输运的机会。漂浮在水面的植物种子的输运过程会受风应力的影响。一方面风在水体表面产生切应力从而以表面风生流的形式影响漂浮种子的运动；另一方面风应力直接作用在漂浮在低流速水体中种子浮水部分可以产生额外拖曳力；此外风生表面波也能直接影响漂浮种子的散播及沉降过程。

在河流及河（海）口湿地生态系统中，水流速度较快，种子的二次输运过程主要由快速流动的水流决定，该过程直接界定不同类型种子的传播或者迁徙能力，此外，风应力对于漂浮种子输运的间接影响（风应力对水流的驱动作用）及直接影响（风应力对种子浮水部分的直接驱动作用）导致以水媒为主要散播手段的漂浮种子在水流速度相对缓慢的水体（如农田排水沟、池塘或者洪泛区域）中依然具备一定的输运能力，故将风媒作为辅助传播因子引入低流速或静止水体的水媒传播过程是有十分有必要的。

2.3.2　风生表面流

风应力为低流速或静止的封闭水体提供了改变其运动状态的机械能，一般而言，风应力在水体表面会导致两种主要的运动：①水-气界面的剪切应力会促使水体表层水流朝着顺风方向运动；②倾斜的液面会提供一个正向压力梯度导致底部的水流朝着相反的方向流动以形成逆向流[55]。风应力作用在低流速或静止水体上会产生类似于固体表面的湍流边界层，两者主要的区别在于靠近表面部分边界层的特征不同[56]，早前的研究已证明靠近自由表面的黏性子层的厚度只有接近相同条件（雷诺数）下靠近固体边界的厚度的1/2～1/3[57-58]，同时在流体动力学实验中发现水体表面下黏性子层的厚度与风速呈正相关，且在高风速条件下与固体表面的黏性子层的厚度相近，在黏性子层的外部区域，也就是远离水流表面的区域，可以视为充分发展的边界层，可以使用与水深及当地流速成比例的涡黏系数进行求解。

自然状态下漂浮种子淹没部分的长度量级在毫米级至厘米级之间，在漂浮状态下直接受表层水流的影响，因而本节的关注点在于表层流速。

Churchill 和 Csanady[56]在风生表面流实验的基础上，发现在自由水面下深度约为 5 cm 范围内（摩阻风速约为 1 cm/s），存在一个接近于常数的流速梯度，同时可以用一个经典的双对数分布来模拟水体中此范围外的流速分布，上述流速呈线性分布的部分在某种意义上等同于黏性子层，只是其流速梯度更小。Wu[57]在风生表面流实验中观测到了一个厚度较小且流速近似呈线性分布的子层，同时水体部分的粗糙度比气体部分的要大，这一薄层被称为粗糙层（roughness layer），其动力学特性受表面张力与重力共同作用，反映水-气交界面特征[58-61]，粗糙层内相对于表面流速的水流速度与距水面深度呈线性递减关系[59,62-63]。测量水-气表面风应力的方法主要有廓线法、脉动风速法以及斜压法[64]，研究风对水媒传播过程的影响主要与低风速条件有关，侧重时均表层流速及风压差对漂浮繁殖体（种子）颗粒的输运过程的影响，因此在研究目标所属精度下，利用传统的廓线法测量风应力即可达到比较好的效果。

基于上述理论，假设自由水面下粗糙层内沿水深的流速与水深呈线性递减关系[59,62-63,65]，并在此基础上假设粗糙层与湍流层（对数层）之间的流速是连续且光滑的，两者交界处距自由水面的深度为 z_b，且此处呈线型与对数型的流速分布平滑地衔接，粗糙层中呈线型的流速分布随水深（z）的变化规律可表示为

$$u(z)=U_s+\eta_s z \tag{2.62}$$

式中：$\eta_s=\partial u/\partial z$ 在粗糙层中为一负的常数；U_s 为表面流速，包含表面漂流速度和斯托克斯漂流速度（低风速下其占比较小）。本章中下标“w”与“a”分别表示水体与气体一侧的参数，在假设为均匀恒定紊流的前提下，湍流层中沿风应力作用方向的运动平衡方程为

$$\tau_w/\rho_w=-K\partial u/\partial z \tag{2.63}$$

式中：K 为涡流黏性系数，根据普朗特混合长度理论，$K=l^2(z)|\mathrm{d}u/\mathrm{d}z|$，$l$ 为与水深 z 相关的特征混合长度。Mellor 和 Yamada[17]与 Craig[66]对目前存在的混合长度理论的参数模型进行了总结，认为对于湍流层中接近粗糙层的部分区域，l 与水深呈线性变化关系，即

$$l=\kappa z \tag{2.64}$$

式中：κ为卡门常数，本章取 $\kappa=0.4$，且有 $u_{*w}=\sqrt{\tau_w/\rho_w}$，$u_{*w}$ 为水体部分摩阻流速，因此，式（2.63）可表示为

$$z\mathrm{d}u/\mathrm{d}z=-u_{*w}/\kappa \tag{2.65}$$

联合式（2.62），可得

$$z_b\eta_s=-u_{*w}/\kappa \tag{2.66}$$

同时对式（2.65）进行积分，得到呈对数函数的流速垂向分布：

$$u(z)=U_s-\frac{u_{*w}}{\kappa}\ln(z/z_{0w}),\quad z>z_{0w} \tag{2.67}$$

式中：z_{0w} 为水体部分粗糙长度，将式（2.67）与式（2.62）联立求解，可得

$$z_b\eta_s = \frac{u_{*w}}{\kappa}\ln(z / z_{0w}) \tag{2.68}$$

Charnock[67]在量纲分析的基础上首次提出了液面上气流侧的粗糙长度与摩阻流速之间在空间上的经验表达式：

$$gz_0 = au_{*a}^2 \tag{2.69}$$

式中：a 为查诺克常数；u_{*a} 为气流部分摩阻流速。Bye[68]在气体和水体之间边界层的相似性假设的基础上，以空气摩阻流速为估算尺度，首次直接推导出水体部分的粗糙长度的计算式：

$$z_{0w} = u_{*a}^2 / (2K_1 g) \tag{2.70}$$

式中：K_1 为比例系数。Phillips[69]在水-气之间的动量平衡理论的基础上认为 K_1 的取值为 $0.2 \leqslant K_1 \leqslant 0.5$，Bye[68]在该区间内对 K_1 取平均值，将式（2.70）与式（2.69）对照，可得查诺克常数的取值为 $a \approx 1.429$。因而临界水深 z_b 可以由式（2.71）进行估算：

$$z_b = 1.429\mathrm{e} / gu_{*a}^2 \tag{2.71}$$

式中：e 为自然常数，本章中取为 2.718。在低风速条件下摩阻风速与特征风速呈线性相关关系，且 u_s / u_{*w} 可以认为是一个常数，两者均可以通过相对简单的实验测量获得。由式（2.68）可知，得到临界深度 z_b 的前提是要准确估计粗糙层内流速分布。

2.4　长距离传播与漂浮能力评价

水媒传播可以使植物繁殖体沿着河流廊道进行长距离传播，从而实现远距离不连续流域之间的纵向连通及基因交流，在水媒传播的多种模式中，借助表面水流或其他漂浮物进行传播是远距离传播的主要途径，也是水媒传播与其他传播方式交互的主要模式，并直接与繁殖体的漂浮能力相关。研究表明，漂浮时长小于 2 天的繁殖体，大概率会沉积在水流状态紊乱的河段；漂浮时长大于 2 天的繁殖体在水流平缓的河段或湖泊中沉积的可能性更大。同时，漂浮能力也与水流状态相关。对植物繁殖体漂浮能力进行评价、分析其与水流特征的共同作用及对水媒传播过程的动态影响，可以在很大程度上确定河流中不同地貌特征河段中繁殖体输入与植被群落组成之间的关联，因而，以统一的数学描述对不同类型的繁殖体颗粒进行漂浮能力评价，是构建生态水动力学耦合数学模型中最为基础的一部分。

决定植物种子漂浮能力的因素主要包括种子尺寸、形状、组成结构及表皮霉变情况，在大部分情况下附着在种皮的霉菌会削弱种子的漂浮能力，在种子外衣外层包裹着由碳酸钙组成的空腔可以大大提高种子漂浮能力。李儒海[70]对稻田间的杂草种子的显微结构进行研究，对可能影响杂草种子漂浮能力的结构因素进行了测定和分析，并且明确了杂草种子果实形态、微观结构、重量与漂浮能力之间的变化关系。不同地理位置的植物种子的漂浮能力也有较为明显的差异，Johansson 等[71]发现相比于山地区域的植物，生长于

河岸边的植物种子长时间漂浮在水面（大于 2 天）的可能性更大。在近河岸区域，受河流季节性水位波动及更大的概率接纳水播植物的影响，该区域的植物物种很可能具备适应能力以便通过水媒传播来散播种子。

为探究种子形态与种子漂浮能力之间的关系，Yoshikawa 等[72]将植物种子分为 4 类：颗粒型，直径小于 1 mm 且无任何附属物；果仁型，直径大于 1 mm，没有任何附属物且包裹有一层硬质的外壳（种皮或者果皮）；瘦果型，完整的果实长度大于 1 mm，通常附带有冠毛或者软质的外壳；带有附属物型，带有不易剥离的附属物。此外，Yoshikawa 等[72]对这几类植物种子进行了漂浮能力测试，根据种子在 24 h 内的沉降情况将漂浮能力分为 4 类：漂浮型、半漂浮型、半沉水型及沉水型；通过分析 70 种种子的漂浮能力测试结果，可以认为种子的漂浮能力与种子的形态有密切联系，且带有附属物型和瘦果型种子具有更强的漂浮能力，具体而言，带有附属物型>瘦果型>果仁型>颗粒型（图 2.10）。例如，椰子和长江中下游常见的芦苇种子属于带有附属物型，前者依靠椰衣纤维，后者依靠丝状绒毛可以轻易浮于水面，随水远距离传播。漂浮能力被认为是植物繁殖体进行水媒传播的关键因素，在随流扩散阶段是影响种子在水体持续运动的重要因素。自然情况下，水生植物的果实和种子大都具有充气组织，使得它们能在水中长时间漂浮，因此可以随洋流进行远距离散播。除外层结构的阻水特性，低密度、滞留空气、低体表面积比等都可以增强种子的漂浮能力，从而延长其在水中的存活时间，最终延长水媒传播的距离。

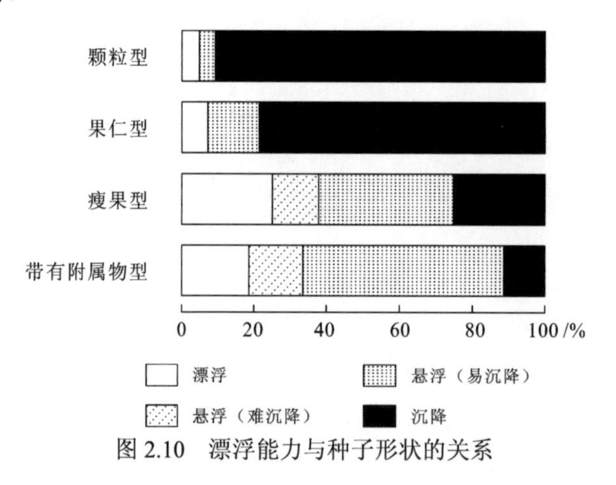

图 2.10　漂浮能力与种子形状的关系

许多风播植物种子都属于带有附属物型种子，这类种子大多具有较好的漂浮能力。许多河岸植物早期阶段通过风媒与水媒的共同作用延续。冠毛、附枝或者刺毛对种子的漂浮能力有重要的提升作用。Seiwa 等[73]结合试验研究，发现植物种子的冠毛可以促使其散播到更适于其生存繁衍的区域，另外冠毛会很大程度上增大其漂浮能力。带有冠毛的 18%的高山红景天种子及 68%的牧草种子可以在水面上漂浮 6 天以上，去掉冠毛的种子在几分钟之后即会沉入水中，这也说明冠毛对于水媒传播过程具有重要意义。漂浮种子的附属物会增加接触表面积，从而更加有利于水媒传播。Seiwa 等[73]认为果皮或者角质的花被可以储藏空气，从而使瘦果型种子（果实）具有漂浮能力，具体表现在两方面：

一方面是水体的表面张力作用，另一方面是降低了种子颗粒的比重。在静止或流速相对缓慢的水体中，表面张力是仅有的有效作用力，但同时完整的花被可以使种子在湍急的水流中漂浮长达 3.5 天。根据采摘后时间长短，种子被分为新鲜、风干和越冬埋藏（在相对潮湿环境下，种皮或者花被部分损坏），风干种子漂浮时长略大于新鲜种子，且两者远大于越冬埋藏种子。Bill 等[74]认为大量种类的植物种子依附在母体上越冬，类似一种相对干燥状态下的储存形式，其漂浮能力比直接脱落的种子更强。评估种子颗粒的漂浮能力一方面在于漂浮时间，另一方面在于漂浮状态时其淹没度的变化过程。在山地区域存在可移动的大量碎石，山区河流流域面积被分割为网状的小块，并形成许多干燥且缺乏营养物质的漫滩区域，周期性的洪水事件会给这些区域带来植物种子和部分养料，为耐旱性植物物种提供栖息条件，这也导致植被群落周期性演替的出现。Yoshikawa 等[72]对天马河 70 种生长于新沉积沙地上的草本植物种子的漂浮能力及沉降速度进行分析，发现生长在这些碎石块区域的植物种子 80%都具有沉水或者半沉水的特征，然而早期在该区域存活的植物种子均为沉水性的，这说明在河流的碎石块区域，种子的漂浮能力的重要程度有所降低。他们发现种子的漂浮能力与种子的形态高度相关，相较于瘦果型及带有附属物型的种子，颗粒型和果仁型种子有更高的沉水比例，具体来讲，90.5%的颗粒型及 78.6%的果仁型种子是沉水性的，仅仅有两种是浮水性的，这也表明附有冠毛或者其他附属物的植物种子具有更好的浮水能力。

Boedeltje 等[75]通过实验发现，流速较低的运河水道中，种子的漂浮时间对物种的水媒传播周期具有重要意义。然而，在流速较高的天然河流及水槽实验环境中，水力条件与繁殖体（或者模拟粒子）在水道边缘的散播或滞留过程有着紧密的联系。Johansson 等[71]将漂浮时间不小于 2 天的种子或者果实称为 long-floater，漂浮时间小于 2 天的称为 short-floater，这种以漂浮时长达 2 天为分界点的分类方法最早被 Romell 所采用。Gurnell[76]选取了两条位于英国北部的河流（Tern 和 Frome）中三个自由流动的河段进行研究，结果表明水力学因素对繁殖体动力过程至关重要，洪水是改变沉积种子命运的重要因素，洪水将有活性的非漂浮种子从河道及河岸中带到河岸带区域，从而获得更易于萌发的沉积环境。

2019 年 2～5 月在通风良好的室内进行种子漂浮能力实验（图 2.11），每种种子随机取形态完整的颗粒 100 枚，放置于口径为 25 cm、深度为 18 cm 的塑料盆中，每盆盛有水深为 14～16 cm 的清水（每周更换两次）。在实验开始第一周内，第 1 天每隔 3 h 将沉降的种子颗粒取出并计数；之后 6 天，每隔 8 h 记录一次；接下来的第二周内，每天记录 1 次；在每次计数前使用木棒搅动水体以尽量消除表面张力对沉积效果的影响，实验开始的第三周，每隔 1 天进行计数，直至实验结束。在搅动后，发现少部分种子沉没之后又开始漂浮，这种情况不会计入到数据中。本章进行漂浮能力实验的 11 种植物种子按照 Yoshikawa 等[72]提出的分类方法进行形状分型，其具体物理参数见表 2.7，但是与其评价方式的区别在于我们更关注长时间序列过程中繁殖体颗粒的沉降分布过程，这对于基于水媒的长距离传播事件及相应的定植区域分布具有决定性作用。

图 2.11　多种不同种类繁殖体颗粒的漂浮能力实验

表 2.7　低流速或静止水体中风力驱动实验真实漂浮种子颗粒基本物理参数[71]

漂浮状态											
种子名称	再力花	香榧	向日葵	非洲菊	野牛草	蓝花矢车菊	狼尾草	元宝槭	火焰树	油杉	菖蒲
形状分型	果仁型	果仁型	果仁型	果仁型	瘦果型	瘦果型	瘦果型	带有附属物型	带有附属物型	带有附属物型	果仁型
100 枚重量/g	23.840	90.393	7.119	1.410	2.788	0.456	0.630	16.750	0.628	8.560	10.227
100 枚体积/ml	45.813	234.331	40.935	6.739	12.083	3.095	4.011	33.453	14.858	22.883	17.381
密度/（g/ml）	0.520	0.386	0.174	0.209	0.231	0.147	0.157	0.501	0.042	0.374	0.588
迎风面积/（cm^2）	0.780	2.997	0.644	0.196	0.246	0.137	0.334	2.153	—	1.785	0.625

图 2.12～图 2.14 分别给出了 3 种带有附属物型、4 种瘦果型及 6 种果仁型植物种子处于漂浮状态占比随时间的变化关系，图中不同颜色的实线为基于实验数据拟合所得的对数型衰减曲线，曲线簇通用形式可表示为

$$P_{\text{float}}=\begin{cases}[1-k_{\text{float}}\ln(t_{\text{d}}/t_{\text{initial}})]\times 100\%, & t_{\text{d}}>t_{\text{initial}}\\ 100\%, & t_{\text{d}}\leqslant t_{\text{initial}}\end{cases} \tag{2.72}$$

式中：P_{float} 为处于漂浮状态部分占比；k_{float} 为漂浮能力衰减系数；t_{d} 为开始实验后的时间序列；t_{initial} 为种子颗粒开始发生沉降的初始时间。假设投入实验的种子颗粒数量足够大时，其处于漂浮状态的占比与时间序列的变化关系是连续的，则其种子颗粒漂浮时间的期望值为

$$T_{\text{mean}}=\int_{t_{\text{initial}}}^{t_{\text{initial}}e^{1/k_{\text{float}}}}(1-P_{\text{float}})\mathrm{d}t_{\text{d}} \tag{2.73}$$

将式（2.72）代入式（2.73），可求得 T_{mean}：

$$T_{\text{mean}}=t_{\text{initial}}k_{\text{float}}e^{1/k_{\text{float}}}-(k_{\text{float}}+1)t_{\text{initial}} \tag{2.74}$$

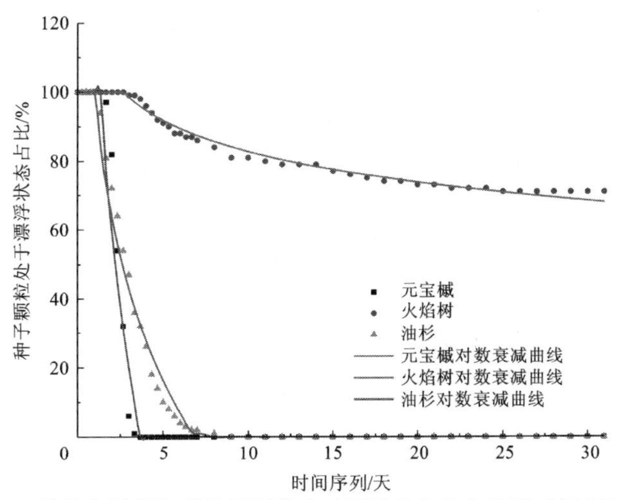

图 2.12　3 种带有附属物型种子颗粒处于漂浮状态的占比随时间变化的关系

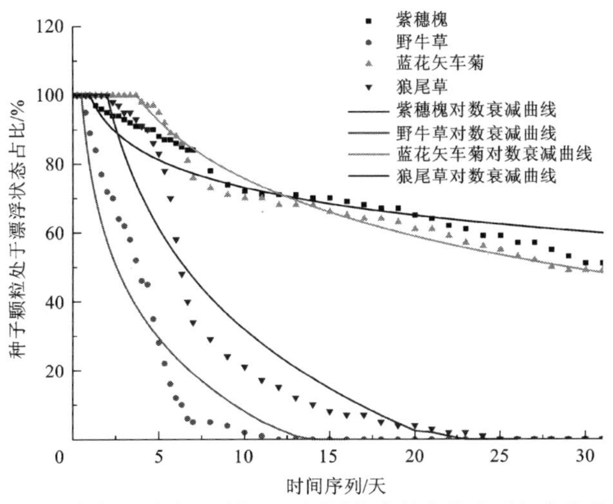

图 2.13　4 种瘦果型种子颗粒处于漂浮状态的占比随时间变化的关系

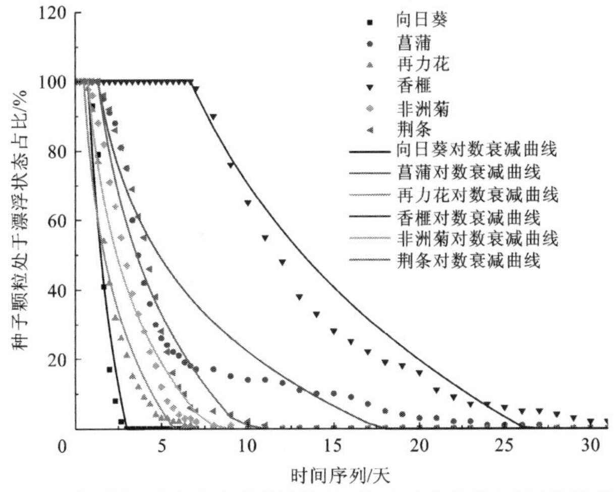

图 2.14　6 种果仁型种子颗粒处于漂浮状态的占比随时间变化的关系

期望值 T_{mean} 可用来表征具体植物繁殖体颗粒的漂浮能力；参数值 k_{float} 可用于表征其发生沉降过程随时间序列的变化规律，其值越大表明繁殖体颗粒发生沉降越集中，同时 k_{float} 一定程度上可以表征漂浮能力，即更大的 k_{float} 意味着较弱的漂浮能力。如图 2.15 所示，植物繁殖体颗粒漂浮能力越弱，其颗粒团中个体沉降事件发生越集中，直接导致其物种水媒散播能力弱，长距离输运的机会更低，这一结论与 Jansson 等[77]在河流湿地系统中实际观测与调查的结果是一致的。很多情况下，繁殖体颗粒在流输运过程中随时间序列的沉降规律对研究植被群落的演替规律、评估外来入侵物种经水媒传播的潜力及分析特定物种抵抗生态危机能力具有重要意义。表 2.8 给出了 13 种不同类型植物种子的漂浮能力参数 k_{float} 及 T_{mean}。这 13 种种子均为干燥状态储存且具有活性，其中漂浮能力最强的为紫穗槐及火焰树，分属瘦果型与带有附属物型，其重量很轻且表面均带有一层具有防水性的柔性种皮，浸水过程耗时很长。整体上，瘦果型种子的漂浮能力显著大于果仁型，软质种皮的阻水作用起到了很大作用，超过 80%紫穗槐与蓝花矢车菊种子可以漂浮超过 10 天；带有附属物型种子的漂浮能力很大程度上取决于其种皮结构，表面结构疏松的元宝槭的漂浮能力较火焰树及油杉要弱。但在实验中发现，带有附属物型的种子沉降后的密度与水接近，处于悬浮状态，这使得其易于在动水条件下在水面下以悬移输运的方式进行散播。同时，按照 Jansson 等[77]的漂浮能力界定方法，包含陆生植被在内的不同分型中除元宝槭与向日葵外，均可定义为 long-floater 种子，这也表明，水媒传播作为繁殖体散播的重要组分不仅仅局限于水生植物，也可以拓展至部分陆生植被。总体而言，植物种子颗粒的漂浮能力与其种皮结构、表面粗糙程度、种子活性、干置时长、湿润面积及淹没深度相关，同时一些意外因素也会明显影响种子颗粒的漂浮能力，如种皮损伤或表面霉菌的固着。

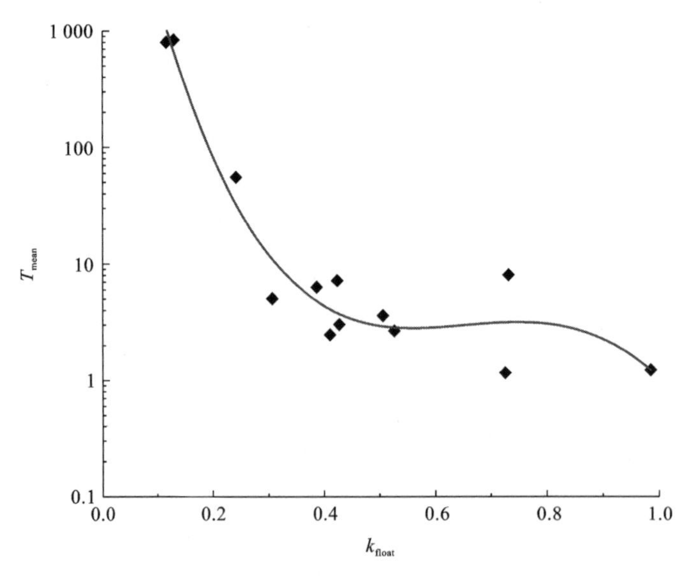

图 2.15　植物繁殖体颗粒漂浮能力衰减系数 k_{float} 与期望漂浮时间 T_{mean} 的关系

表 2.8　13 种不同类型植物种子 k_{float} 及 T_{mean}

形状分型	植物名称	k_{float}	T_{mean}
带有附属物型	油杉	0.516 5	2.744
	火焰树	0.130 3	837.7
	元宝槭	0.985 3	1.224
果仁型	向日葵	0.726 3	1.151
	菖蒲	0.386 3	6.272
	再力花	0.410 8	2.456
	香榧	0.731 9	7.964
	非洲菊	0.427 4	3.008
	荆条	0.506 1	3.580
瘦果型	紫穗槐	0.117 0	798.6
	野牛草	0.306 8	5.008
	蓝花矢车菊	0.242 5	54.98
	狼尾草	0.423 5	7.146

第3章　有植被明渠水流中漂浮种子散播理论

3.1 植被在河流生态系统中的作用

河流生态系统是陆地与海洋的纽带，是一个复杂、开放、动态、非平衡和非线性的系统。它具有廊道、过滤、提供栖息地等多种功能，在生物圈中对物质循环具有重要意义。植被是河流生态系统的组成部分，是河流生态系统的生产者，对物质和能量的传递与循环有重大意义。

河道中的植被通常分为两种：水生植物及近水陆生植物，其中水生植物就其在水体中所处的状态又可细分为挺水植物、沉水植物等（图 3.1）。水生植物会改变河道的水流结构，当水流经过有植被的区域时，植被的存在增大了阻挡面积及河道表面的粗糙程度，增加了水流的阻力，降低了有效流速，减少了吞吐量，并削弱了水流对河槽的冲刷作用，同时，植被的存在还有利于黏性泥沙的沉积，降低河流中的含沙量。河道中的植物茎杆对水流有阻碍作用，植被的密度越大，植物周围更易形成漩涡和扰动。同时植被的密度对河道的水力条件有很大的影响，具体表现为：植被斑块周围的河道流速随植被密度的增大有升高的趋势。生长在岸滩上的植被对固坡保持水土、吸收截留污染、调节微气候等均具有积极作用，且不同的植被群落类型的河岸带对水土保持、营养元素富集、污染物吸收等的效果不同。河岸带植被与河流进程是相互作用、相互影响的。植被的地上生物量影响流场，造成泥沙沉积，而植被的地下生物体则影响河流基质的水力和机械性能，从而改变土壤的水分状况和地面的侵蚀敏感性。不同的物种可以在不同的环境中扮演类似地貌的角色，在特定的气候背景下，物理（水文和河流）过程严重影响现有的河岸和水生植物的生存、组成和生长情况。在河段尺度上，滨水植物群落的结构和发展在很大程度上受水流状态的控制，通过对河岸地下水条件等的改变影响一系列河道的物理过程。

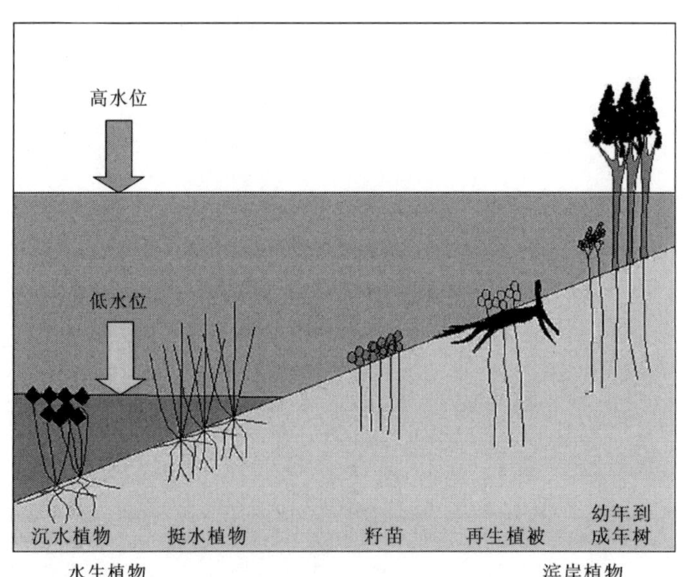

图 3.1 生长在河岸植被带区域不同水位处的垂向空间配置植被

3.2　漂浮种子颗粒静力平衡状态分析

静止水体中的漂浮种子颗粒主要受力为重力、静水压力及毛细作用力。

毛细现象在生活中是普遍存在的，由于水面张力的存在，固体边壁与漂浮颗粒之间会存在呈半月形的弧液面。一方面弧液面中毛细作用力的垂向分量会与这部分液体的重量相平衡，另一方面其横向分量会促使两物体相互靠近。例如，茶叶与茶杯边壁之间会形成指向边壁的毛细作用力，从而漂浮的茶叶会慢慢地聚集到茶杯的内壁。事实上，半月形弧液面的形成与边壁是否被湿润有关，未被湿润的边壁附近的弧液面是朝下的，漂浮的小颗粒会远离边壁，向中心聚集；相反地，我们所关注的植物种子均为亲水性的，其表面会被湿润，弧液面是朝上的，会促使其向边壁靠拢。同时，颗粒的聚集也是由颗粒之间的液面变形引起的，漂浮的颗粒之间的弧液面会被抬高，从而导致相互之间产生吸引力。虽然自然界中的植物种子的形状是各式各样的，但就毛细作用力与植被茎杆之间的作用特点（边壁特征）而言，将其分为标准球形及碟形加以计算分析，以了解其漂浮状态，并为估算其与茎杆之间的毛细作用力提供参考。

对于稳定漂浮在静止水面的球形种子颗粒，如图 3.2 所示，其垂向的毛细作用力 F_{cv} 取决于颗粒直径 d_p、表面张力系数σ、颗粒与弧液面接触角 α_p 及弧液面与水平面之间的填充角 φ_p，并可由式（3.1）计算[78]：

$$F_{cv} = \pi\sigma d_p \sin\varphi_p \sin[\varphi_p - (\pi - \alpha_p)] = -\pi\sigma d_p \sin\varphi_p \sin(\varphi_p + \alpha_p) \tag{3.1}$$

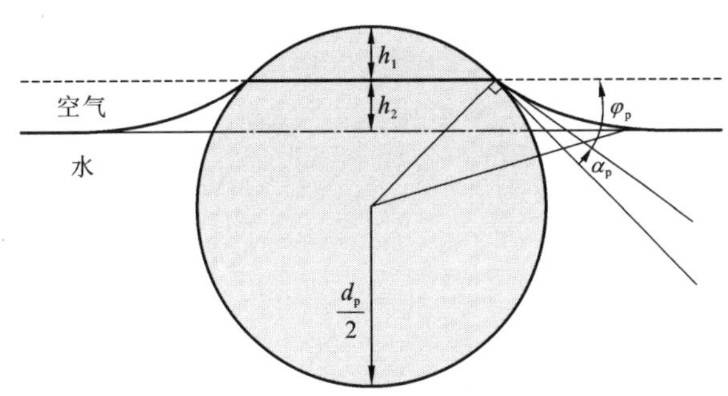

图 3.2　毛细作用力下漂浮在静止水面的球形颗粒

事实上，式（3.1）对于亲水性和疏水性颗粒在静力平衡状态下均是成立的，只是测量所取的角度不同而已。在平衡状态下，质量为 m_p 的漂浮颗粒的重力与毛细作用力及水净压力（F_{pw}）的合力相等，此时毛细作用力与重力的方向是一致的：

$$F_{cv} + F_{pw} = m_p g \tag{3.2}$$

式中：$m_p g$ 为漂浮颗粒的重力。半月形弧液面的水净压力可以表示为

$$F_{pw}=\int_0^{\varphi_p} p\cos\varphi(\pi d_p\sin\varphi)d_p/2\mathrm{d}\varphi$$
$$=\rho_w g\pi\frac{d_p^3}{8}\left(\frac{2}{3}-\cos\varphi_p+\frac{1}{3}\cos^3\varphi_p\right)+\rho_a g\pi\frac{d_p^3}{8}\left(\frac{2}{3}+\cos\varphi_p-\frac{1}{3}\cos^3\varphi_p\right)\tag{3.3}$$
$$-(\rho_w-\rho_a)gh_2\pi\frac{d_p^2}{4}\sin^2\varphi_p$$

式中：h_2为弧液面高度；ρ_w和ρ_a分别为标准大气压下水和空气的密度。将式（3.3）代入式（3.2）可以得

$$\rho_w g\pi\frac{d_p^3}{8}\left(\frac{2}{3}-\cos\varphi_p+\frac{1}{3}\cos^3\varphi_p\right)+\rho_a g\pi\frac{d_p^3}{8}\left(\frac{2}{3}+\cos\varphi_p-\frac{1}{3}\cos^3\varphi_p\right)$$
$$-(\rho_w-\rho_a)gh_2\pi\frac{d_p^2}{4}\sin^2\varphi_p=m_p g+\pi d_p\sin\varphi_p\gamma\sin(\varphi_p+\alpha_p)\tag{3.4}$$

对于标准形状球体有$m_p g=\frac{1}{6}\pi d_p^3 g\rho_p$，为了便于后续分析，这里将式（3.4）进行简化并作无量纲处理，表示为

$$\sin\varphi_p\sin(\varphi_p+\alpha_p)=-\frac{1}{2}B_d\left[\frac{4}{3}\rho_0-\left(\frac{2}{3}-\cos\varphi_p+\frac{1}{3}\cos^3\varphi_p\right)\right.$$
$$\left.-\rho_1\left(\frac{2}{3}-\cos\varphi_p-\frac{1}{3}\cos^3\varphi_p\right)+(1-\rho_1)(\cos\varphi_1-\cos\varphi_p)\sin^2\varphi_p\right]\tag{3.5}$$

式中：B_d为邦德数，$B_d=0.5d_p^2\rho_w g/\sigma$；$\rho_0=\rho_p/\rho_w$和$\rho_1=\rho_a/\rho_w$分别为漂浮颗粒、空气与水的无量纲密度比；$\varphi_1$取决于弧液面与水平面交接点的位置，且有$h_2=0.5d_p(\cos\varphi_p-\cos\varphi_1)$。由式（3.5）可以预见到，当$\varphi_p+\alpha_p>\pi$时，毛细作用力与重力方向相反，反之，毛细作用力与重力方向相同。B_d用于表征表面张力相较于彻体力（重力）的重要性，越大的B_d表明表面张力的影响越小，反之，则表明表面张力影响大。

此外，对于碟形的颗粒，如图3.3所示，其垂向的毛细作用力可以表示为

$$F_{cv}=\pi d_p\gamma\sin\varphi_p\tag{3.6}$$

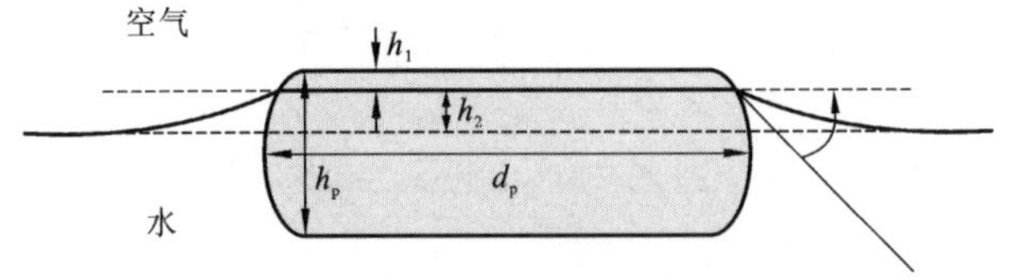

图3.3 毛细作用力下漂浮在静止水面的碟形颗粒

其所承受的水净压力可以近似为

$$F_{pw}=\rho_w g(h_p-h_1)\pi d_p^2/4\tag{3.7}$$

式中：h_p为碟形漂浮颗粒的厚度。将式（3.6）与式（3.7）代入式（3.2）可得

$$\rho_w g(h_p-h_1)\pi d_p^2/4=m_p g+\pi d_p\gamma\sin\varphi_p\tag{3.8}$$

同样地，将式（3.8）进行简化并作无量纲化，可得

$$\sin\varphi_{\mathrm{p}} = B_{\mathrm{d}}\left[(1-\rho_0)\frac{h_{\mathrm{p}}}{d_{\mathrm{p}}} - \frac{h_1}{d_{\mathrm{p}}}\right] \tag{3.9}$$

式（3.5）与式（3.9）分别给出了静止水面上球形颗粒和碟形颗粒与弧液面接触角 α_{p}、弧液面与水平面之间填充角 φ_{p}，球形颗粒和碟形颗粒与弧液面高度、颗粒密度及大小之间的关系，相比于接触角和填充角，弧液面高度、颗粒密度及大小相对而言是直观且测量误差较小的，因而可以作为测出结果的验证手段。

处于漂浮状态的植物繁殖体颗粒的毛细作用力大小取决于颗粒与弧液面接触角 α_{p}、弧液面与水平面之间填充角 φ_{p} 及弧液面高度 h_2，本书中所取模拟漂浮颗粒及真实植物种子颗粒的上述参数均通过处理带有参照尺度的高清漂浮状态图像获得。同时，由于颗粒形状的不规则及表面粗糙度不一致，漂浮颗粒与弧液面接触角是难于直接测量的，且其测量精度难以保证。在通过图像处理方法获得弧液面与水平面之间填充角及弧液面高度后，用式（3.5）及式（3.9）计算以获得颗粒与弧液面接触角。垂向上的毛细作用力大小取决于沿漂浮颗粒湿润周长上液体表面张力的积分求和，与颗粒的湿润周长、表面弧度、平整度和表面亲疏水性有关。图 3.4～图 3.9 给出了几种代表性颗粒漂浮状态下毛细作用弧液面参数测量情况，表 3.1 给出了相应的测量结果。由表 3.1 可知，对于相同材质、形状的漂浮颗粒，直径越大，其弧液面与水平面的填充角也就越大，且近似表现为线性正相关性。同时，颗粒与弧液面接触角可认为与直径无关，与颗粒和自由液面的形状有关，而弧液面接触角仅与重力及拉普拉斯附加压力相关[79]。对于形状及尺寸相同的白桦及聚苯烯材质的球形颗粒，其特征角度差异较大，这与两种材质的亲疏水性及表面粗糙度相关。同时，对于近似球形或碟形的漂浮颗粒（如再力花及菖蒲种子），利用式（3.5）及式（3.9）所求得的漂浮颗粒与液面之间的接触角是相对可信的。但是对于橄榄球型或者带有附属物型种子颗粒，其沿长轴方向的两末端并不是对称的，在形状及大小上存在较大差异，这会导致估算的接触角误差较大。然而，当植被茎杆相互作用时，垂向和横向毛细作用力对于漂浮颗粒与液面之间的接触角取值敏感度较低[式（3.1）、式（3.6）]，因此可以很大程度上降低接触角取值误差对于模型估算的影响。

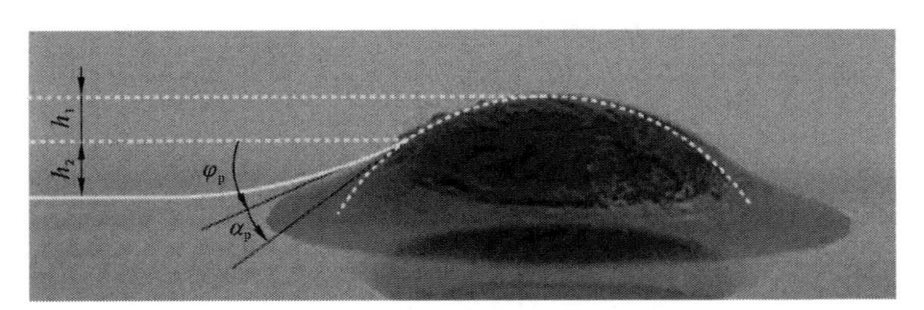

图 3.4　直径为 0.6 cm 的白桦木质球形颗粒漂浮状态毛细作用弧液面参数测量

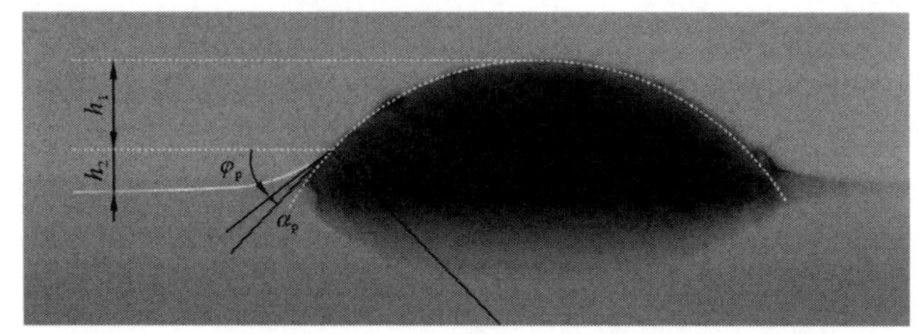

图 3.5　直径为 1.0 cm 的聚丙烯球形颗粒漂浮状态毛细作用弧液面参数测量

图 3.6　油杉种子颗粒漂浮状态毛细作用弧液面参数测量

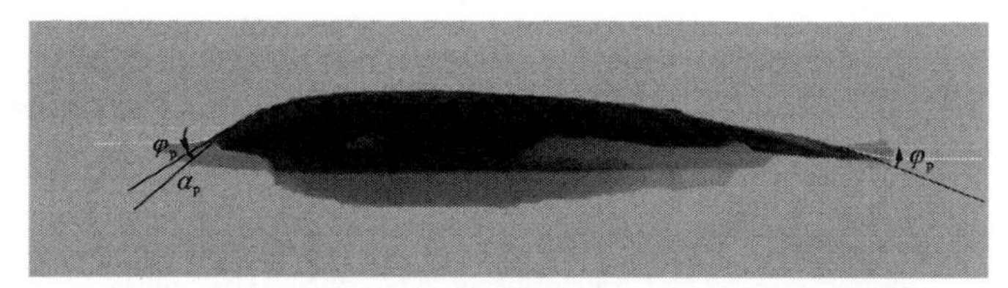

图 3.7　向日葵种子漂浮状态毛细作用弧液面参数测量

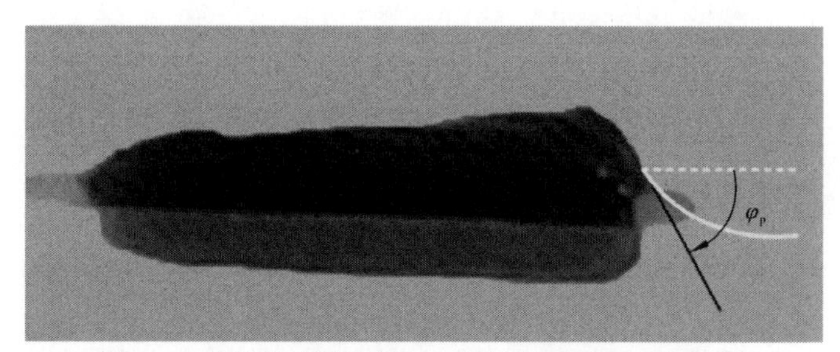

图 3.8　菖蒲种子漂浮状态毛细作用弧液面参数测量

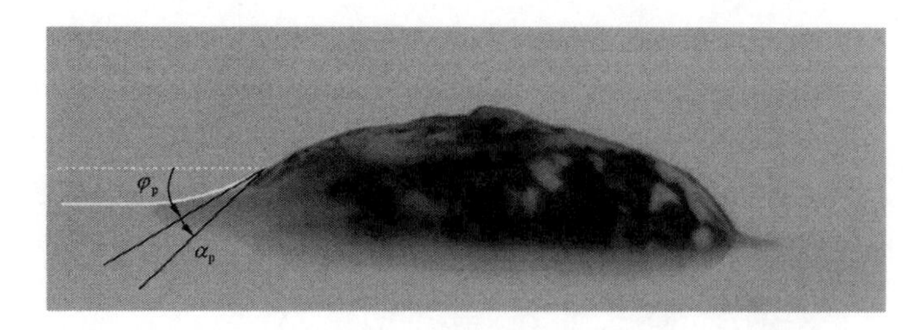

图 3.9　再力花种子漂浮状态毛细作用弧液面参数测量

表 3.1　不同颗粒类型漂浮状态下毛细作用主要特征参数

颗粒类型	特征直径/cm	相对密度	φ_p/（°）	α_p/（°）
球形-白桦	0.4	0.710 2	18.35	17.25
球形-白桦	0.6	0.710 2	25.55	17.25
球形-白桦	0.8	0.710 2	29.96	17.25
球形-白桦	1.0	0.710 2	37.58	17.25
球形-聚丙烯	1.0	0.908 2	30.22	6.88
油杉	1.508 7	0.260 3	26.56～38.11	9.75～13.22
向日葵	0.905 5	0.213 9	19.2～41.4	10.4～22.1
菖蒲	0.712 5	0.658 2	56.56～83.15	5.86～23.44
再力花	0.918 1	0.520 4	31.83～42.47	12.6～19.4

注：特征直径取为等价于漂浮颗粒垂直于水面方向上投影面积圆形的直径

3.3　与散播过程相关的植被对水流运动的影响

3.3.1　尾涡脱落频率

关于圆柱绕流问题的研究和讨论一直是热点，早在 1941 年，Dryden[80]就提出当流体流过钝体结构时，一个显著的特征是不同扰流区域中会有一系列的转捩现象发生，随着雷诺数的逐渐增加，完全层流状态、尾流转捩、剪切层转捩、边界层转捩和完全湍流状态会依次发生。转捩的发生对各种微小扰动非常敏感，一般很小的扰动足以促使转捩发生。Morkovin[81]提出了采用一系列特征雷诺数值（茎杆雷诺数 $Re_d = U_b d_s / \nu$，U_b 为断面平均流速，d_s 为茎杆直径）来划分流态，在一定的雷诺数范围内，变化幅度有限的流态可以认为是稳定的。当茎杆雷诺数为 $(4\sim5) > Re_d > 0$ 时，流动处于完全层流状态，蠕变水流沿着圆柱表面流动，形成对称且稳定的层流剪切层，且剪切层外并未形成可见的尾流；当茎杆雷诺数为 $(30\sim48) > Re_d > (4\sim5)$ 时，流动处于二维定常状态，水流经过钝体时开始分离并形成显著、稳定、对称且封闭的近尾流，同时该区域的面积大小随着茎杆雷诺数的增加而增长，自由剪切层与近尾流区域终点在尾流的封闭点处交汇，近尾流内有一对明显成对的漩涡；当茎杆雷诺数继续增加时，细长且封闭的近尾流区开始失稳，在流线的交汇处出现了剪切层的正弦振荡；当茎杆雷诺数 $Re_d > (45\sim65)$ 时，剪切层的振荡轨迹在波峰和波谷处出现明显卷曲，并最终形成错列的层流漩涡，Benard[82]首次通过观察圆柱体后水流表面可见的涟漪肯定了这种交替出现漩涡的存在。冯·卡门从理论上研究了两行漩涡的稳定性，并由此引发了学术界对这种有规则的尾涡脱落问题的广泛和持续关注。

当茎杆雷诺数 $Re_{\mathrm{d}}>(180\sim200)$ 时，周期性脱落的涡街开始失稳，圆柱体后二维尾流逐渐转捩为三维流动。在茎杆雷诺数持续增加时，在茎杆下游尾流较远的区域，层流周期尾迹开始变得不稳定，随着茎杆雷诺数的继续增大，这种转捩逐渐向靠近茎杆方向发展，最终在漩涡形成之前就已经变为湍（紊）流。

Kovasznay[83]通过实验观测到层流涡体并不是从圆柱体表面脱落下来的，而是水流在向下游输运的过程中逐渐形成的，这种尾涡的形成是由层流尾迹的不稳定性而导致的。Gerratd[84]对高茎杆雷诺数条件下湍流尾涡脱落规律进行了分析，脱落半周期内的湍流涡会在圆柱体表面固定的位置生成，直到它的运动强度能够拖着另外的剪切层通往下游，随后脱落涡体的环量供给会被切断。涡的截断和相应的脱落频率是由两个自由剪切层的宽度和自由来流的速度决定的，因此尾涡脱落频率与自由来流速度呈正比，同时斯特劳哈尔数 Sr 几乎不变。

Fey 等[85]在风洞实验数据的基础上对圆柱体后的尾涡脱落过程进行了新的描述，自观测到涡体开始脱落（$Re_{\mathrm{d}}\approx47$）到层流边界层向湍流边界层过渡（$Re_{\mathrm{d}}=2\times10^5$），此时，圆柱表面的层流边界层开始转变为紊流边界层，并用统一的描述公式来描述尾涡脱落频率与茎杆雷诺数之间的关系。在尾涡开始脱落到尾涡开始转捩，Sr 可以近似地认为与 $1/\sqrt{Re_{\mathrm{d}}}$ 呈线性关系：

$$Sr=0.2684-1.0356\big/\sqrt{Re_{\mathrm{d}}} \tag{3.10}$$

这一规律在水槽实验中也得到了验证。对于茎杆雷诺数 $Re_{\mathrm{d}}>180$ 的情况下，Sr 可以用分段的线性关系式来表示（图 3.10），其统一的表达形式为

$$Sr=Sr^{*}+m\big/\sqrt{Re_{\mathrm{d}}} \tag{3.11}$$

式中：Sr^{*} 为修正参数；m 为不同区段线性关系的斜率。对图 3.10 进行分区段线性拟合，得到的经验公式为

$$Sr=\begin{cases}0.2684-1.0356\big/\sqrt{Re_{\mathrm{d}}}, & 47<Re_{\mathrm{d}}\leqslant180\\ 0.2437-0.8607\big/\sqrt{Re_{\mathrm{d}}}, & 180<Re_{\mathrm{d}}\leqslant230\\ 0.4291-3.6735\big/\sqrt{Re_{\mathrm{d}}}, & 230<Re_{\mathrm{d}}\leqslant240\\ 0.2257-0.4402\big/\sqrt{Re_{\mathrm{d}}}, & 360<Re_{\mathrm{d}}\leqslant1300\\ 0.2040+0.3364\big/\sqrt{Re_{\mathrm{d}}}, & 1300<Re_{\mathrm{d}}\leqslant5000\\ 0.1776+2.2023\big/\sqrt{Re_{\mathrm{d}}}, & 5000<Re_{\mathrm{d}}\leqslant2\times10^{5}\end{cases} \tag{3.12}$$

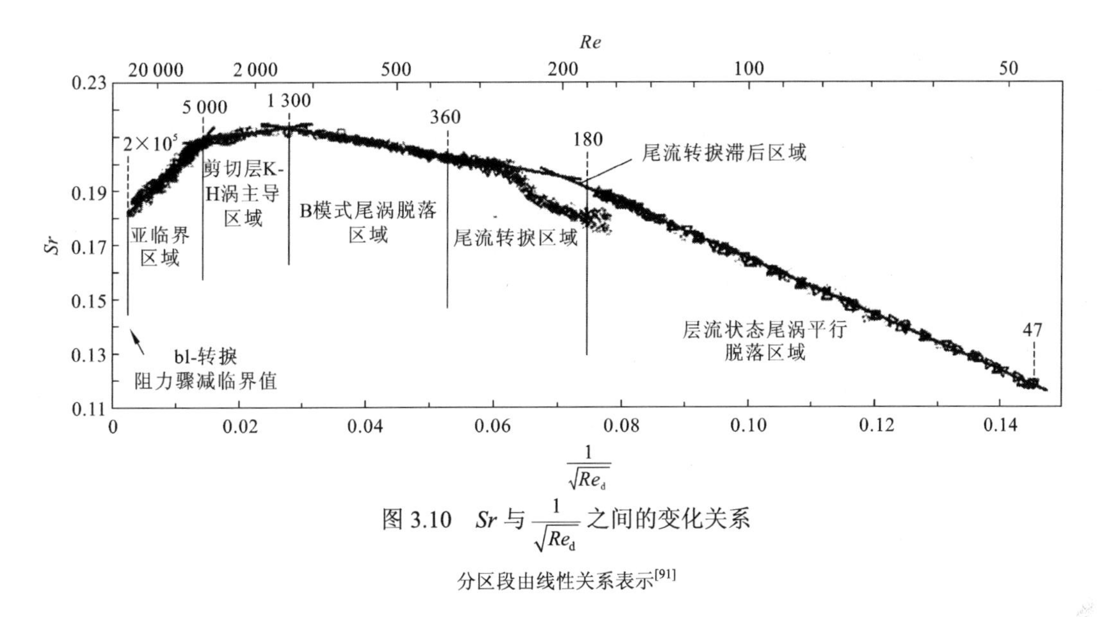

图 3.10　Sr 与 $\frac{1}{\sqrt{Re_{\mathrm{d}}}}$ 之间的变化关系

分区段由线性关系表示[91]

Fey 等[85]发现在 $360 \geqslant Re_{\mathrm{d}} > 240$，实测出来的 Sr 与柱体的边界条件相关，因而他们并没有给出通用的表达式。为了针对随机排列的植被拖曳力系数进行更细致的分析与研究，Etminan 等[86]采用大涡模拟方法，对不同密度植被条件下的水流进行精细化的水动力模拟，结果显示随着植被密度增大，植被间的水流被引导至更加弯曲的路径上进行输运，这表明流速在空间分布上更加不均匀。White 和 Nepf[87]在水槽实验中也发现植被的存在会增加流速在空间上的变化度，且与植被密度呈正相关。水流流经植被丛时，植被后面的尾涡在纵向和侧向上均受到邻近植被的约束，因而尾涡的长度和宽度与植被的密度呈负相关关系，植被茎杆后面的尾涡脱落频率与近尾涡区的宽度密切相关，同等来流速度下，更窄的近尾涡区宽度意味着更大的脱落频率[88-89]，Etminan 等[86]的数值实验也证实了这一结论。但是，在植被密度较低的条件下，Sr 随植被密度的变化并不是很明显，与实验数据进行对比分析发现，该条件下的 Sr 与单个植被条件下的取值并没有明显的区别，因而在植被密度较低的情况下，单个植被后的尾涡脱落频率可以用来代表低密度植被条件下的脱落频率。

3.3.2　明渠水流中刚性植被拖曳力系数

明渠水流中水生植被的存在会增加水流阻力，进而减缓水流速度、抬高当地水位、降低过流流量并影响泥沙颗粒及营养盐的输运过程。对于水生植被阻水机制的认识有助于采取有效的措施以降低水道床面泥沙颗粒上的剪切力并降低河床被冲刷[90]。例如，滨海植被可以起到削减波浪、稳固海床并通过过滤水流中的营养盐来改善水质的作用[91]。

植被诱发的水流阻力是由水流与植被之间的黏性摩擦及流动分离形成的形状阻力导致的[92]，由单个刚性植被引起的水流阻力可以通过沿水深平均拖曳力系数 C_{ds} 经验性地描述为断面平均水流速度的二次方函数：

$$F_{\mathrm{p}}=\frac{1}{2}C_{\mathrm{ds}}A_0\rho_{\mathrm{w}}U_{\mathrm{b}}^2 \tag{3.13}$$

式中：A_0 为单个植被迎流方向的垂向投影面积。Järvelä[93]认为式（3.13）并不适用于柔性植被，并且其流线型的茎杆会导致迎流及淹没部分面积的变化，柔性植被拖曳力系数的确定是十分困难的，因而关于阻力系数的研究大部分集中在刚性植被上。

在植被几何特征及水力条件确定的前提下，植被对水流的阻力可以通过拖曳力系数确定。自然界中植被的分布密度、几何特征及水力条件是多种多样的，由于对复杂条件下流动现象的本质物理规律认知的有限，从机理上确定植被阻力系数依然存在很大的困难。利用合理近似的刚性圆柱体可以相对准确地代表自然植被的几何特征[94]，近年来，许多研究者在定量化分析植被对水流的阻力作用上取得了具有实用价值的成果，Li 和 Shen[95]从理论上利用半经验方法分析了植被拖曳力与植被分布密度、排列方式及水流速度等相关参数之间的变化关系；Fathi-Maghadam 和 Kouwen[96]以单个松木及杉木茎杆模拟明渠水流中的植被，利用水力学方法测量了其拖曳力系数，并发现其随水流速度二次方呈指数衰减；Wu 等[97]在动量平衡的基础上，提出了一个简化的模型以评估植被拖曳力系数，并认为处于淹没状态的植被的表面粗糙系数趋于保持不变或略有增大；Thompson 等[98]通过实验测量认为不同形状的植被茎杆对拖曳力系数有较为明显的影响；Armanini 等[99]测量了不同尺寸的单个柳树的水流拖曳力并发现水流拖曳力系数随植被茎杆雷诺数增加而降低；Wu 等[97]在大量水槽实验数据的支持下，认为不同分布密度的植被拖曳力系数随相对水深的增加而降低。具体地，Schlichting 和 Gersten[100]给出了拖曳力系数与茎杆雷诺数之间的分段表达式：

$$\begin{cases} C_{\mathrm{ds}}=3.07Re_{\mathrm{d}}^{-0.168}, & Re_{\mathrm{d}}<800 \\ C_{\mathrm{ds}}=1, & 800\leqslant Re_{\mathrm{d}}<8\,000 \\ C_{\mathrm{ds}}=1.2, & 8\,000\leqslant Re_{\mathrm{d}}<10^5 \end{cases} \tag{3.14}$$

Cheng 和 Nguyen[101]给出了拖曳力系数与植被相关的水力半径之间的经验性关系函数：

$$C_{\mathrm{ds}}=\frac{50}{Re_{\mathrm{v}}^{0.43}}+0.7\left(1-\mathrm{e}^{\frac{-Re_{\mathrm{v}}}{15\,000}}\right),\quad Re_{\mathrm{v}}=5.2\times10^5\sim5.6\times10^5 \tag{3.15}$$

式中：$Re_{\mathrm{v}}=U_{\mathrm{b}}r_{\mathrm{v}}/\nu$；$r_{\mathrm{v}}$ 为植被茎杆相关的水力半径。同时，Cheng 和 Nguyen[101]认为该水流速度区间内植被的排列方式对拖曳力系数的影响并不显著。Huai 等[102]认为拖曳力系数随着弗劳德数的增加有降低的趋势，弗劳德数是表征流体惯性力和重力相对大小的一个无量纲参数，$Fr=U_{\mathrm{b}}/\sqrt{gH}$，$H$ 为水流深度，g 为当地重力加速度；$Fr>1$ 时，惯性力大于重力（惯性力起主导作用），水流为急流，也称高流态水流；$Fr<1$ 时，惯性力小于重力（重力起主导作用），水流为缓流，也称低流态水流。

Ishikawa 等[103]在长直变坡水槽中测量了不同弗劳德数（0.3～2.0）条件下刚性植被拖曳力系数，并认为拖曳力系数随弗劳德数的增加而降低，给出了线性的经验性表达式：

$$C_{\mathrm{ds}}=-0.32Fr+1.24,\quad 0.3<Fr<2 \tag{3.16}$$

Wang 等[104]在一系列实验数据的基础上，提出了缓流工况下拖曳力系数与修正雷诺

数 Re_v 及植被密度 ε 的经验性关系式：

$$C_{ds}=\frac{90}{Re_v^{0.5}}+4.5\frac{d_s}{H}-0.303\ln\varepsilon-0.9,\quad 0.1<Fr<0.2 \tag{3.17}$$

式中：植被密度 ε 即植被茎杆截面积占比，$\varepsilon=\pi N_0 d_s^2/4$，$N_0$ 为单位面积床面上的茎杆数量，d_s 为茎杆直径；Re_v 为修正雷诺数，$Re_v=(1-\varepsilon)U_b H/\nu$。

Kothyari 等[90]提出了一个包含ε、Fr 及 Re_d 的经验性表达式，同时在 Ishikawa 等[103]的实验数据基础上考虑了植被交错排列对拖曳力系数的影响：

$$C_{ds}=1.8Re_d^{-3/50}[1+0.45\ln(1+100\varepsilon)](0.8+0.2Fr-1.5Fr^2) \tag{3.18}$$

本节广泛收集缓流条件下明渠水流中刚性植被拖曳力系数的实验资料（表 3.2），并对不同形式的水力条件及植被参数进行了预处理，并利用多元变量分析方法以寻求更为全面的拖曳力系数经验表达式，雷诺数（Re_d）、弗劳德数（Fr）、植被密度（ε）及相对淹没深度（h^*）作为影响因子纳入考虑。

探索不同种类（模拟）的植被形态或结构、分布模式或密度、水流速度、水深及其他水力参数对植被的阻力系数的试验开展研究，在此基础上可确定一些基本物理参数作为评价刚性植被拖曳力系数的影响因子：

$$C_{ds}=f(U_b,H,h_v,\rho_w,S,d_s,\nu) \tag{3.19}$$

式中：h_v 为植被高度；S 为可反映植被分布密度的茎杆之间的平均距离。通过量纲分析方法，将上述 7 个影响因子缩减为 4 个无量纲变量，拖曳力系数可进一步地表示为

$$C_d=f(Re_d,Fr,h^*,\varepsilon) \tag{3.20}$$

式中：$h^*=h_v/H$ 为相对淹没深度。

在分离各影响因素的情形下，采用非线性拟合方法获得单因素条件下的经验表达式，且目标拟合函数形式在充分考量已有研究成果后，使用表达性最好的初等函数，以获得形式简洁、适应性好的经验公式。以尽量接近自然状态下水生植被分布密度及水力条件为考量，选择植被密度 $\varepsilon<0.05$ [87,105-107]处于缓流明渠水流中的实验数据进行分析。

1. 弗劳德数对拖曳力系数的影响

Koloseus 和 Davidian[118]及 Kouwen 和 Fathi-Moghadam[119]在实验测量的基础上认为在 $Fr<1.6$ 时，植被诱发的水流阻力并不依赖于重力效应，C_{ds} 与 Fr 无关，同时，大量的研究成果表明植被分布密度是 C_{ds} 最为显著的影响因素之一。本节中由于数据结构的限制，以及以往的研究已经表明 Fr 对于 C_{ds} 的影响较弱且尚不明确，所以首先将植被分布密度确定条件下的 Fr 对 C_{ds} 的影响作为基础变化关系。

图 3.11 给出了确定植被分布密度条件下 C_{ds} 与 Fr 之间的变化关系，在 Fr 变化区间(0,0.5)内，通过分析数据组(Fr,C_{ds})的相关性，将其分为三个区域：区域 a，$0\leqslant Fr<0.12$；区域 b，$0.12\leqslant Fr<0.28$；区域 c，$0.28\leqslant Fr<0.48$。区域 a 中，C_{ds} 为 0.5～2.5，数据组偏离系数为 0.26；区域 b 中，C_{ds} 为 0.5～1.6，数据组偏离系数为 0.164；区域 c 中，C_{ds} 为 0.9～1.6，数据组偏离系数为 0.069。相对于区域 a、b 中 C_{ds} 取值随 Fr 变化明显波动，区域 c 中确定植被分布密度下 C_{ds} 近似保持为常数，Fr 对 C_{ds} 的影响几乎是可

表 3.2　本节所取文献中明渠水流中刚性植被拖曳力系数来源及主要参数

实验数据来源	植被区参数			植被形态特征		基本水力参数		
	宽度 B/m	长度 L/m	茎杆直径 d_s/m	茎杆高度 h_v/m	植被密度 ε/%	沉水或挺水植被	底坡 J/%	流速 /（m/s）
Schoneboom 等[108]	0.6	18.5	0.01	0.245	0.183	沉水	0.06～0.92	0.2～0.7
Cheng 和 Nguyen[101]	0.3	9.6	0.003 2～0.008 3	0.1	0.004 5～0.12	沉水	0.4	0.07～0.24
Dunn 等[109]	0.91	2.44	0.00635	0.097～0.161	0.14～1.32	沉水	0.36	0.22～0.61
Kubrak 等[110]	0.58	3	0.007；0.009 5	0.131～0.164	0.13～0.54	沉水	0.87；1.74	0.1～0.86
Liu 等[111]	0.3	3	0.006 35	0.076	0.31～1.57	沉水	0.3	0.23～0.85
Meijer 和 Van Velzen[112]	3.0	20.5	0.008	0.45～1.5	0.32～1.29	沉水	0.055～0.205	0.2～0.7
Shimeta 和 Jumars[113]	0.5	6	0.001	0.041	0.44～0.79	沉水	0.066～0.7	0.06～0.33
Stone 和 Shen[114]	0.45	11	0.003 2～0.012 7	0.124	0.55～6.1	沉水	0.01～4.4	0.03～0.32
Tang 等[115]	0.42	8	0.000 6	0.06	1.13～2.83	沉水	0.002 4～0.352	0.10～0.30
Yan[116]	0.42	8	0.006	0.06	1.414～5.655	沉水	0.065～1.28	0.29～0.31
Zhao 等[117]	0.3	6	0.008 3	0.11	1.3～12	挺水	0.04～1.02	0.03～0.27

以忽略的，这与 Koloseus 和 Davidian[118]及 Kouwen 和 Fathi-Moghadam[119]的结论是相一致的，事实上，Ishikawa 等[103]基于实验数据发现 $0.33 < Fr < 1.00$ 时，C_{ds} 取值保持不变。在大量的实验数据的基础上，认为 $0.28 < Fr < 1.00$ 时，其对于确定植被分布密度时 C_{ds} 的取值没有明显的影响。

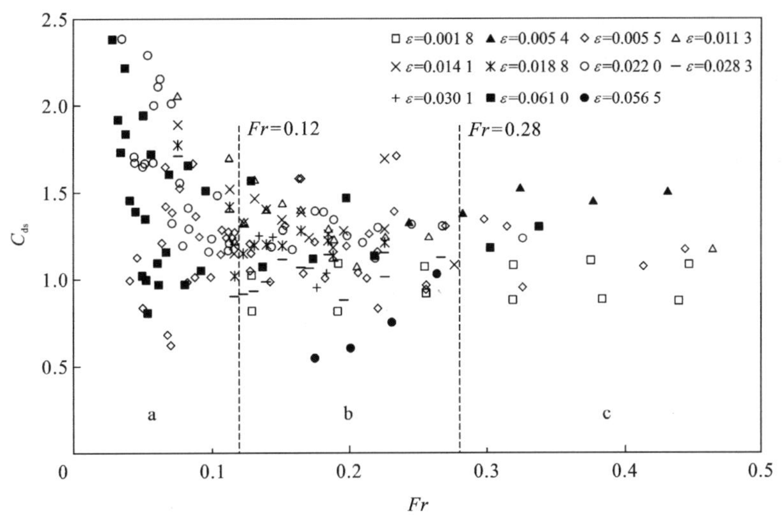

图 3.11　确定植被分布密度条件下 C_{ds} 与 Fr 之间的变化关系

2. 茎杆雷诺数对拖曳力系数的影响

单个植被茎杆的拖曳力系数与其后尾流区域的发展直接相关，在 $Re_d \geqslant 200$ 时，尾涡开始失稳并导致尾流发展为湍流，同时 C_{ds} 的取值取决于 Re_d[120]。以往的研究表明，C_{ds} 的取值依赖于 Re_d，且其变化趋势与植被分布密度及相对淹没深度密切相关，鉴于此，本节讨论在消除植被分布密度及相对淹没深度的影响条件下 C_{ds} 与 Re_d 之间的变化关系（图 3.12）。C_{ds} 与 Re_d 之间的变化关系整体上呈幂律递减关系，这一结论与 Ishikawa 等[103]，Kothyari 等[90]，以及 Tanino 和 Nepf[121]的结论是相一致的。确定植被分布密度ε与相对淹没深度 h^* 条件下，C_{ds} 与 Re_d 的变化关系可经验性地描述为

$$C_{ds} = 4.6Re_d^{-0.176} f_1(h^*, \lambda) \tag{3.21}$$

式中：$f_1(\ )$为待定函数形式。

3. 植被分布密度对拖曳力系数的影响

Nepf[120]认为茎杆雷诺数 $Re_d >\approx 200$ 的明渠水流中，随机分布的刚性挺水植被的整体平均拖曳力系数随植被分布密度的增加而递减。同时 Raupach[61]认为下游植被受上游植被尾流遮蔽效应的影响，其拖曳力系数会降低，在相对密集的植被分布 $\varepsilon >\approx 0.008$ 条件下，植被茎杆在交错及随机排列的条件下，遮蔽效应的影响不可忽略，同时，交错排列条件下拖曳力系数的降低趋势会更加明显；植被分布密度 $\varepsilon >\approx 0.023$ 时，植被之间的遮蔽效应对于拖曳力系数的影响更为显著，C_{ds} 的取值随植被分布密度的增加明显下降。为

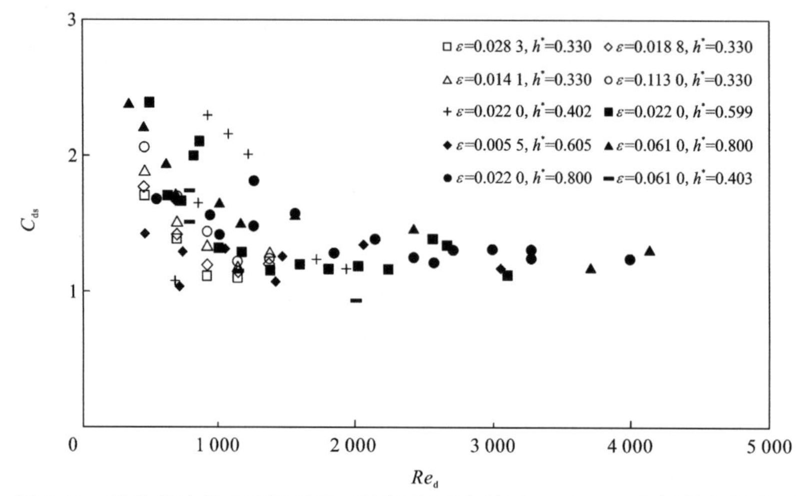

图 3.12　确定植被分布密度及相对淹没深度条件下 C_{ds} 与 Re_d 之间的变化关系

探索确定相对淹没深度条件下 C_{ds} 与植被分布密度之间的变化关系，同时消除茎杆雷诺数的影响，定义一个修正拖曳力系数 C_{ds1} 以便于进一步分析：

$$C_{ds1} = \frac{C_{ds}}{4.6Re_d^{-0.176}} = f_1(h^*, \varepsilon) \tag{3.22}$$

图 3.13 给出了确定相对淹没度条件下，C_{ds1} 与植被分布密度之间的变化关系。在茎杆雷诺数为 $300 < Re_d < 4\,200$，C_{ds1} 可概括为与 ε 呈负相关关系，同时在植被分布密度为 $0.012 < \varepsilon < 0.12$，可认为 C_{ds1} 随 ε 的增加呈对数递减关系，同时在特定相对淹没深度 9 组数据的基础上给出了经验性的表达式：

$$C_{ds1} = (-0.26\ln\varepsilon - 0.15) f_2(h^*) \tag{3.23}$$

式中：$f_2(\,)$为待定函数形式。

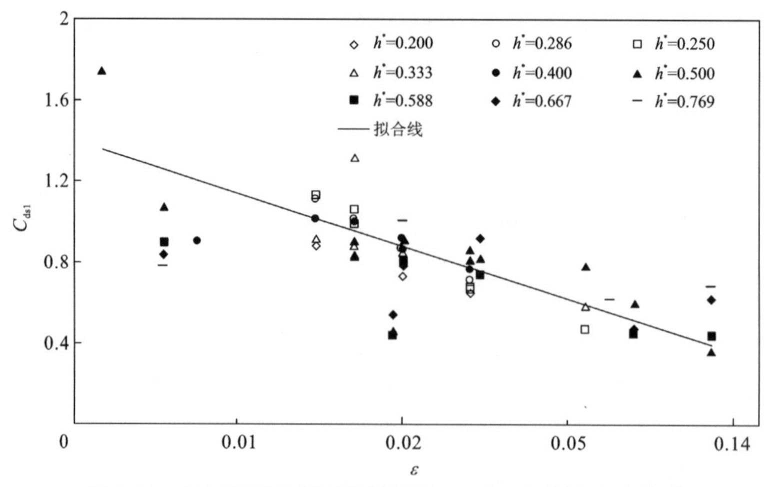

图 3.13　确定相对淹没深度条件下 C_{ds1} 与 ε 之间的变化关系

4. 相对淹没深度对拖曳力系数的影响

为了在消除茎杆雷诺数及植被分布密度条件下探索拖曳力系数 C_{ds} 与相对淹没深度 h^*之间的变化关系，提出一个修正的拖曳力系数以便于进一步分析：

$$C_{ds2} = \frac{C_{ds1}}{-0.26\ln\varepsilon - 0.15} = f_2(h^*) \tag{3.24}$$

自所收集的数据库中提取出 12 组不同淹没深度数据，每组数据包含超过 6 对（h^*，C_{ds2}）数据，将每组 h^*条件下的 C_{ds2} 取平均值，图 3.14 给出了修正拖曳力系数 C_{ds2} 与相对淹没深度 h^*之间的变化关系，图中误差线为每组数据中 C_{ds2} 的变化范围。采用对数增长率描述 C_{ds2} 与 h^*之间的变化关系，其经验性的表达式为

$$C_{ds2} = 0.38\ln h^* + 1.48,\quad R^2 = 0.85 \tag{3.25}$$

式中：R^2 为拟合函数的确定系数。当植被淹没深度 $h^* \geqslant 1.0$ 时，确定茎杆雷诺数及植被分布密度条件下 C_{ds2} 为一常数。综合上述分析，在收集的数据组的条件下，利用多元非线性拟合方法获得包含影响参数 Fr、Re_d、λ 及 h^*的经验性表达式：

$$C_{ds} = \begin{cases} 3.12Re_d^{-0.176}(-0.26\ln\varepsilon - 0.15)(0.38\ln h^* + 1.48), & Fr < 0.12 \\ 2.93Re_d^{-0.176}(-0.26\ln\varepsilon - 0.15)(0.38\ln h^* + 1.48), & 0.12 \leqslant Fr < 0.28 \\ 2.46Re_d^{-0.176}(-0.26\ln\varepsilon - 0.15)(0.38\ln h^* + 1.48), & 0.28 \leqslant Fr < 0.5 \end{cases} \tag{3.26}$$

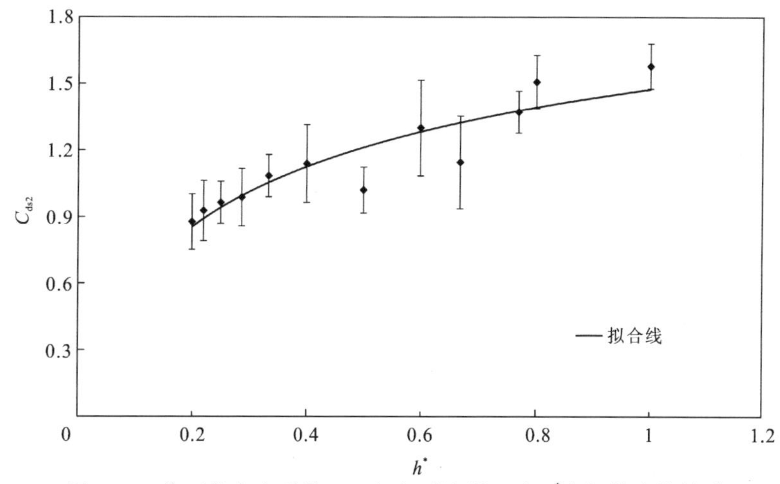

图 3.14　修正拖曳力系数 C_{ds2} 与相对淹没深度 h^*之间的变化关系

3.4　有植被明渠水流中漂浮种子输运能力

在拉格朗日统计框架下，Defina 和 Peruzzo[14]认为漂浮颗粒在含挺水植被明渠水流中被永久俘获之前的输运距离是服从指数分布的，这一观点与 Riis 和 Sand-Jensen[122]对漂浮或悬浮在溪流中的植被碎块的输运距离的统计分析结论是相一致的。然而在实验中发现，漂浮颗粒自挺水植被茎杆区域的上游足够远的距离自由释放，指数分布模型模拟

漂浮颗粒在均匀分布的茎杆阵列中的输运距离分布，尤其是在特征水流速度相对较大的工况下的表现并不能令人满意。在挺水植被区域的前半段及植被区与非植被区的过渡段，水流状态为渐变流，存在水流速度及紊流结构的持续变化，相对于测试区段的中后段相对稳定的水流状态，该区域中较大的纵向流速梯度及湍流强度会导致漂浮种子在该区域的永久俘获事件的发生更为困难，会导致整个测试段中漂浮颗粒在不同区段的俘获经历存在差别，这种差别与特征水流速度及茎杆密度是直接相关的，这也是这种直接套用指数分布模型不够准确的原因。

天然水域中的植被往往以大面积、不均匀及间断式的方式分布的，漂浮种子随非恒定水流在其间的散播过程往往是非连续的，为了将小尺度上漂浮种子、植被茎杆与水流之间的交互作用应用于大尺度的水动力散播模型构建，目标水域根据植被空间分布规律被划分为各个区块，每个区块内部植被茎杆被认为是均匀分布的，漂浮颗粒的散播是在区块之间进行的，每个区块内漂浮种子与茎杆相碰撞的概率为 P_i；漂浮种子为茎杆所永久俘获的概率为 P_c。当漂浮种子在区块内部随流输运时，均匀分布的刚性挺水植被在这里被描述为一个类似蜂巢式的排列（图 3.15），漂浮种子与植被茎杆之间的碰撞及（永久）俘获事件均在此框架下进行定义。在密度为 n_s（单位面积上茎杆的数量，m^{-2}）的蜂巢式植被茎杆阵列中，相邻的茎杆之间的距离是相同的，即 $S=\sqrt{2/\sqrt{3}n_s}$ ；同时在此阵列中游走的漂浮种子的轨迹可以沿水流方向分割为长度相同的路径片段，即 $S_1=\sqrt{\sqrt{3}/2n_s}$ ，每个路径片段内的漂浮种子具有相同的运动规律，且两个路径片段之间是相互独立的，S 与 S_1 的取值随植被茎杆的排列方式而变化，上述即为漂浮种子在有植被明渠水流中散播过程的尺度模型。

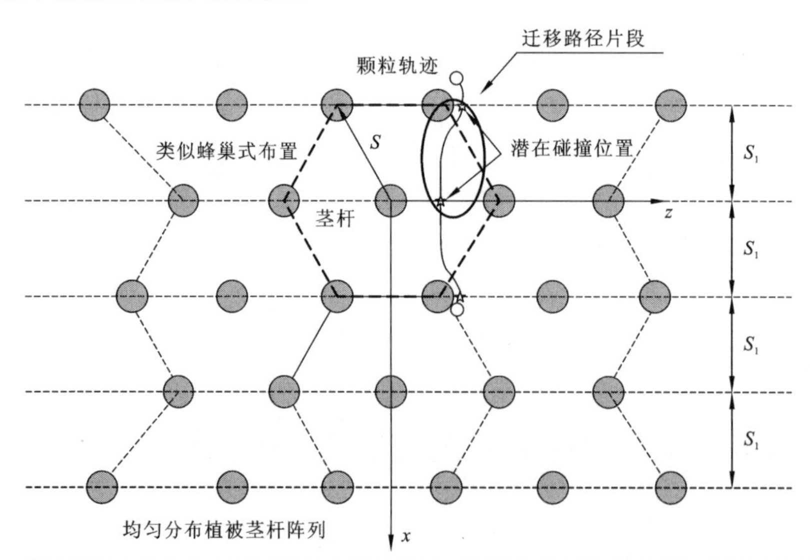

图 3.15　漂浮颗粒在均匀分布的刚性挺水植被阵列（描述为类似蜂巢形式）中输运的尺度模型

为了便于分析，统计沿水流流向每个长为 S_1 区段内的漂浮颗粒的数量，即 $[(k-1)S_1, kS_1]$ $(k=1,2,3,\cdots)$，并使用分段统计的方法收集漂浮颗粒的纵向输运距离分布。

漂浮颗粒在每个统计区段内的数量为 N_r，投放的漂浮颗粒总量为 N_m，则该区段内的频率为 $\eta_f = N_r / N_m$。

实验在武汉大学水资源与水电工程科学国家重点实验室水力学实验室内的长直循环玻璃水槽中进行，该水槽长为 20 m，宽为 1 m，深为 0.5 m，实验流量是由水槽入口处的电磁流量计和进口调节阀门配合调节控制，水槽末端有可调节水位的尾门，在水槽进水口段铺设了简单的稳流装置，以尽量使水流平稳均匀地进入水槽中。实验中使用高度为 25 cm，直径为 0.6 cm 的圆柱体木棒模拟刚性挺水植被，木棒材质为桦木，表面整洁，为当年生木材所制，木棒以不同的密度扦插在预先布置圆孔的厚度为 0.8 cm 的聚氯乙烯平板上，以制成长为 400 cm 的植被区测试段，测试段沿水流方向布置在水槽中央。实验中采用两种漂浮颗粒以模拟漂浮种子：①直径为 0.6 cm，相对密度为 0.71 的表面光滑木质球体（球形颗粒）；②菖蒲种子（碟形颗粒），平均直径为 0.7 cm（变化范围为 0.62～0.84 cm），平均厚度为 0.18 cm（变化范围为 0.14～0.21 cm），平均相对密度为 0.66。所有的模拟颗粒均被染上白色的涂料以提高其在拍摄图像中的识别度，同时在调节水深时尽量保证茎杆突出水面部分小于 2 cm，以防止漂浮颗粒为突出水面茎杆所遮蔽。具体实验工况设计及主要参数见表 3.3（实验 I）。

表 3.3 实验工况设计及主要参数

实验编号	工况编号	u_0/（m/s）	Re_d	$We/10^{-2}$	n_s/m^{-2}	$\varepsilon/10^{-2}$	实验颗粒直径
I	A1	0.019 0	114	2.97	1 164	1.57	菖蒲种子，0.6 cm 木球
I	A2	0.028 2	169.2	6.54	1 164	1.57	菖蒲种子，0.6 cm 木球
I	A3	0.042 6	255.6	14.92	1 164	1.57	菖蒲种子，0.6 cm 木球
I	A4	0.052 9	317.4	23.00	1 164	1.57	菖蒲种子，0.6 cm 木球
I	A5	0.063 6	381.6	33.25	1 164	1.57	菖蒲种子，0.6 cm 木球
I	B1	0.016 7	100.2	2.29	932	2.03	菖蒲种子，0.6 cm 木球
I	B2	0.029 7	178.2	7.25	932	2.03	菖蒲种子，0.6 cm 木球
I	B3	0.038 8	232.8	12.37	932	2.03	菖蒲种子，0.6 cm 木球
I	B4	0.043 0	258	15.20	932	2.03	菖蒲种子，0.6 cm 木球
I	B5	0.053 9	323.4	23.88	932	2.03	菖蒲种子，0.6 cm 木球
I	C1	0.016 6	99.6	2.26	720	2.63	菖蒲种子，0.6 cm 木球
I	C2	0.025 0	150	5.14	720	2.63	菖蒲种子，0.6 cm 木球
I	C3	0.037 5	225	11.56	720	2.63	菖蒲种子，0.6 cm 木球
I	C4	0.047 4	284.4	18.47	720	2.63	菖蒲种子，0.6 cm 木球
I	C5	0.058 5	351	28.13	720	2.63	菖蒲种子，0.6 cm 木球
I	D1	0.014 8	88.8	1.80	554	3.29	菖蒲种子，0.6 cm 木球

续表

实验编号	工况编号	u_0/（m/s）	Re_d	$We/10^{-2}$	n_s/m^{-2}	$\varepsilon/10^{-2}$	实验颗粒直径
I	D2	0.024 3	145.8	4.85	554	3.29	菖蒲种子，0.6 cm 木球
I	D3	0.038 8	232.8	12.37	554	3.29	菖蒲种子，0.6 cm 木球
I	D4	0.046 9	281.4	18.08	554	3.29	菖蒲种子，0.6 cm 木球
I	D5	0.053 8	322.8	23.79	554	3.29	菖蒲种子，0.6 cm 木球
II	A1	0.014 6	116.8	2.40	1 110	5.58	0.4 cm，0.6 cm，0.8 cm，1.0 cm 木球
II	A2	0.014 6	116.8	2.40	802	4.03	0.4 cm，0.6 cm，0.8 cm，1.0 cm 木球
II	A3	0.014 6	116.8	2.40	679	3.41	0.4 cm，0.6 cm，0.8 cm，1.0 cm 木球
II	A4	0.014 6	116.8	2.40	557	2.80	0.4 cm，0.6 cm，0.8 cm，1.0 cm 木球
II	B1	0.028 7	229.6	9.03	1 110	5.58	0.4 cm，0.6 cm，0.8 cm，1.0 cm 木球
II	B2	0.028 7	229.6	9.03	802	4.03	0.4 cm，0.6 cm，0.8 cm，1.0 cm 木球
II	B3	0.028 7	229.6	9.03	679	3.41	0.4 cm，0.6 cm，0.8 cm，1.0 cm 木球
II	B4	0.028 7	229.6	9.03	557	2.80	0.4 cm，0.6 cm，0.8 cm，1.0 cm 木球

实验 I 包含 20 个工况，一共涉及 4 组不同的植被密度工况，每种密度工况下设置有 5 组流速工况。每种漂浮颗粒共有约 200 颗用于每个工况的实验，被分为 10 组，每组约 20 颗，在测试段上游约 100 cm 处依次自由投放。所有的实验工况由一台架设在水槽上方可自由移动的数码相机（型号：EOS 5D MARK II，像素：1920×1080，帧率：30 Hz）拍摄记录。

以实验结果为基础，引入一个双参数的高斯分布函数以描述漂浮颗粒在植被阵列中的散布特征，其相应的概率密度函数为

$$f(X)=\frac{X^{\alpha-1}}{\Gamma(\alpha)\beta^{\alpha}}\mathrm{e}^{\frac{-X}{\beta}} \tag{3.27}$$

式中：$\Gamma()$为高斯函数；α 与 β 分别为分布函数的尺度和形状参数。该分布的特征：随着 α 的增加，分布的峰值概率密度向 X 增大方向移动；随着 β 的增加，概率密度函数的形状将更为平坦。进一步地，其分布函数，描述漂浮颗粒输运距离 X 大于随机参数 L 的概率，可以表示为

$$P(X>L)=(1-P_{\mathrm{i}}P_{\mathrm{c}})^{L/S_1}=\frac{\gamma(\alpha,\beta L)}{\Gamma(\alpha)} \tag{3.28}$$

式中：$\gamma()$为不完全高斯函数，漂浮颗粒平均输运距离可计算为 $\lambda=\alpha\beta$。图 3.16 为植被茎杆密度为 n_s=720 m^{-2} 时，不同特征流速条件下漂浮颗粒在区段内频率与输运距离之间的关系，由式（3.28）通过非线性拟合的方法可以获得参数 α 与 β，进而可以获得每种工况下漂浮颗粒平均输运距离 λ 与特征流速 u_c 之间的关系，如图 3.17 所示，λ 随着特征流速的增大呈对数增加。

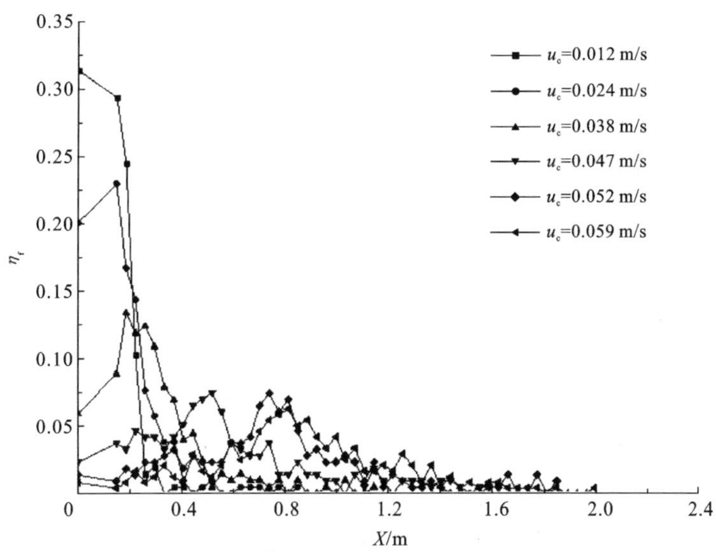

图 3.16　实验 I 中茎杆密度 $n_s=720\ \mathrm{m}^{-2}$ 时不同特征流速工况下频率与输运距离之间的变化关系

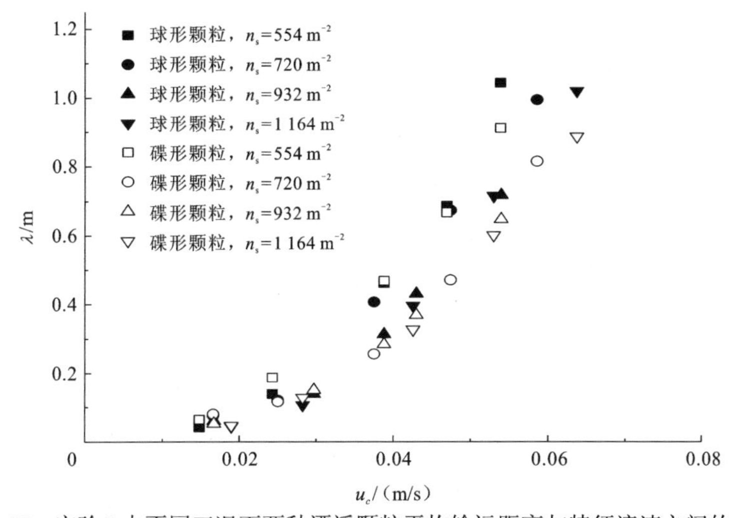

图 3.17　实验 I 中不同工况下两种漂浮颗粒平均输运距离与特征流速之间的关系

将茎杆密度 $n_s=720\ \mathrm{m}^{-2}$ 条件下 6 个流速工况（0.016 6～0.058 5 m/s）的测量结果分别以指数分布模型及本节提出的双参数高斯分布模型进行模拟并对比，如图 3.18 所示。本节提出的双参数高斯分布模型的整体模拟效果要优于传统的指数分布模型，尤其对于特征流速较大的工况（0.047 0～0.058 5 m/s），传统的指数分布模型模拟效果已经不具备适用性了，不过在低流速工况下，两者的模拟效果均在可接受范围内。

为了使双参数高斯分布模型具备实用性，根据 4 种密度工况条件下不同水流速度的漂浮颗粒输运距离的实验数据对两种参数的变化特征进行分析并经验性地给出其估算公式。图 3.19 为双参数高斯分布模型下两种漂浮颗粒在不同密度工况下的 α 与 β 的求解结果，两者均与水流速度呈正相关，且水流速度增加到一定程度时（$u_c>0.08$ m/s），β 仅与植被密度相关。此外，在水流速度较低时，两种漂浮颗粒的 α 值非常接近，随着水流

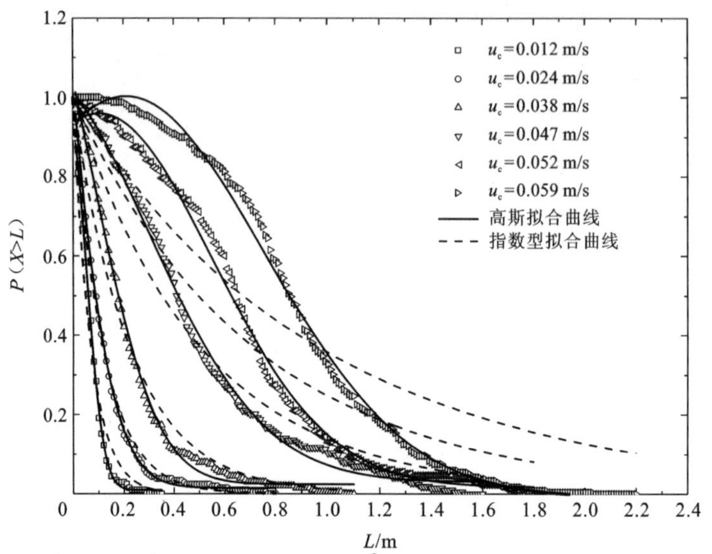

图 3.18 实验（I）中茎杆密度 $n_s = 720\ m^{-2}$ 条件下不同流速工况下指数分布模型及双参数高斯分布模型模拟效果对比

速度的增加，球形颗粒的取值会大于碟形颗粒；碟形颗粒的β值一直保持大于球形颗粒，并且这种差异会随着水流速度的增加变得更为显著。在不同工况下的数据组（u_c,α）及（u_c,β）的基础上运用多元非线性拟合方法给出了考虑植被茎杆密度的经验性表达式：

$$\begin{cases}\alpha = 1\,484.31\varepsilon^{-76.58}(2.21-29.77\varepsilon)^{u_c} \\ \beta = (0.043\,7+0.007\,42\ln\varepsilon)\dfrac{\ln u_c}{\ln(0.084\,1+1.76\varepsilon)}\end{cases} \tag{3.29}$$

$$\begin{cases}\alpha = 3\,229.1\varepsilon^{-152.18}(1.895-26.77\varepsilon)^{u_c} \\ \beta = (0.082\,3+0.018\,97\ln\varepsilon)\dfrac{\ln u_c}{\ln(0.050\,5+2.221\varepsilon)}\end{cases} \tag{3.30}$$

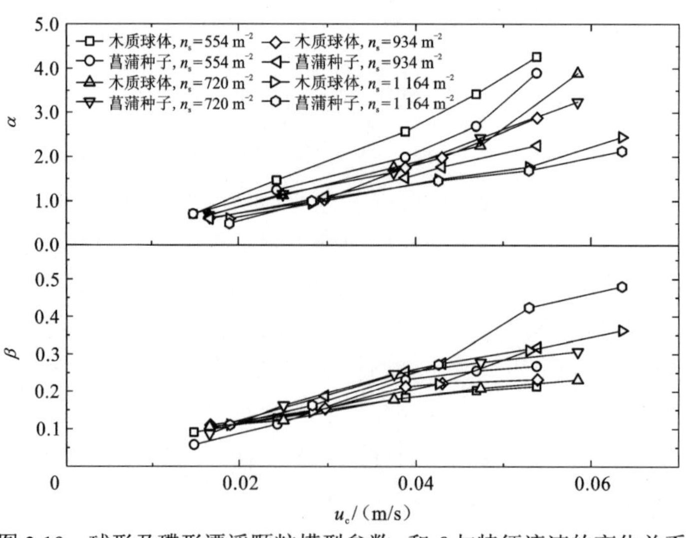

图 3.19 球形及碟形漂浮颗粒模型参数α和β与特征流速的变化关系

式（3.29）为球形颗粒的拟合结果，$R^2=0.871$；式（3.30）为碟形颗粒的拟合结果，$R^2=0.855$，两种不同的漂浮颗粒的区别与其与茎杆之间的碰撞及俘获过程中动力学机制相关，这需要在后面的章节中进一步地讨论。上述问题的讨论对于掌握漂浮颗粒在含挺水植被低流速水流中的输运距离的分布性状，以及在水文情势改变度较大的湿地系统中或者与其他散布机制（如波浪沉积、动物媒传播）综合考虑是较为重要的。在很多时候，我们并不关心在水流速度较低时漂浮种子在植被区域中的分布情况，其整体平均输运距离（λ）反而是反映其输运能力最为直观的参数，双参数高斯分布模型中其平均输运距离为 $\lambda=\alpha\beta$ 。

在关注相同水流速度条件下植被茎杆密度对平均输运距离的影响时，在武汉大学水资源与水电工程科学国家重点实验室水力学实验室的有机玻璃制成的长直循环水槽中开展实验，该水槽长为 8 m，宽为 0.3 m，深为 0.25 m，水槽采用自循环方式进行供水，进水口处布置有一套稳流装置，实验流量是由水槽入口处的电磁流量计和进口调节阀门配合调节控制，水槽末端有可调节水位的尾门。一组表面光洁的长为 20 cm，直径为 0.8 cm 的 FRP 材质圆柱体用以模拟挺水植被茎杆，其被均匀地扦插在提前打好孔洞的白色 PVC 材质的长方形板上，正好与水槽宽度相契合，实验中布置长度为 4 m。4 种直径分别为 0.4 cm、0.6 cm、0.8 cm 及 1.0 cm 的实心木球用以模拟漂浮种子，所有木球被涂以黑色的染料以提高其图像跟踪能力。实验中通过调节尾门，尽量保证茎杆超出水面部分高度在 3 cm 以下，以尽量消除突出水面的茎杆对漂浮颗粒的遮蔽作用。对于每组实验，随机选取 100 枚木球颗粒，在植被段上游约 50 cm 的横向位置上随机释放，所有的实验工况通过一台架设在水槽上方可自由移动的数码相机（型号：EOS 5D MARK II，像素：1920×1080，帧率：30 Hz）拍摄记录，布置方式如图 3.20 所示，拍摄在遮光棚中进行，四周进行环形补光以确保拍摄光线充足且无杂光干扰。具体实验工况设计及主要参数见表 3.3，实验 II 包含了两组实验，每组实验在确定的入流流量条件下改变植被密度，通过调节尾门以确保相同的水流速度，实验设置了 4 个密度工况，茎杆密度 n_s 为 557～1 100 m^{-2}。

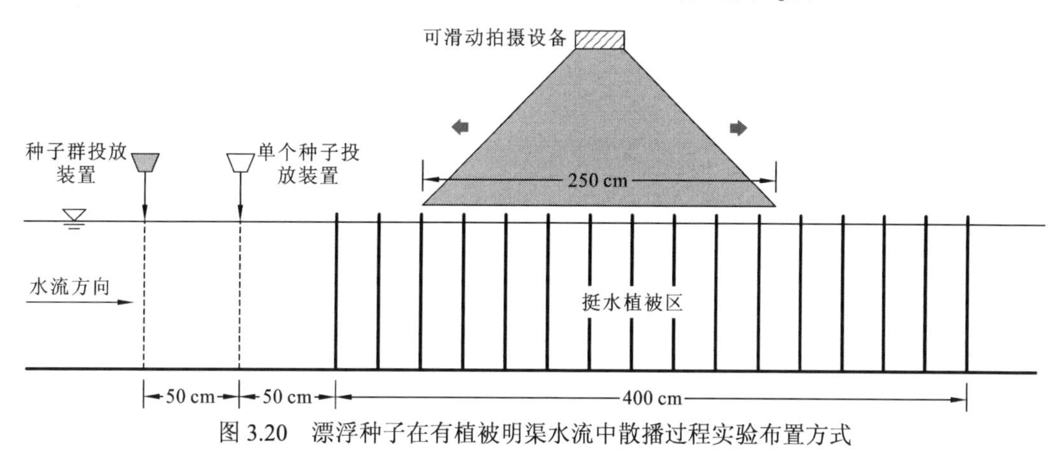

图 3.20　漂浮种子在有植被明渠水流中散播过程实验布置方式

对实验 II 结果进行分析，发现相同漂浮颗粒在相同水流速度条件下其平均输运距离与茎杆密度的倒数 $1/\varepsilon$ 整体上呈线性正相关关系，如图 3.21 所示。与 Peruzzo 等[123]直接使用茎杆数量作为衡量指标不同，这里使用植被茎杆在测试区域中的面积占比以更好地描述该现象。此外引用了 Defina 和 Peruzzo[14]在 7 个不同密度工况下，水流速度为 0.033 m/s 时采用等效直径为 0.6 cm 的小型圆柱形木段进行实验的数据，以及 Peruzzo 等[124]在 6 个不同密度工况下，水流速度为 0.025 m/s 条件下以相同模拟颗粒进行的实验。整体的数据说明在实验采用相同的植被茎杆-漂浮颗粒，在相同的较低水流速度条件下，其平均输运距离与茎杆密度的乘积为一常数，这里将其定义为输运能力参数：

$$R_0 = \lambda\varepsilon \tag{3.31}$$

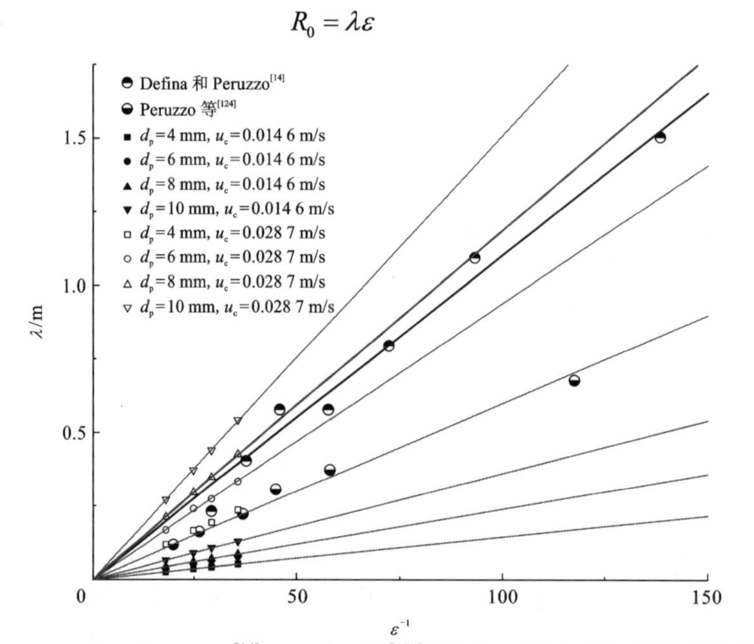

图 3.21 Defina 和 Peruzzo[14]、Peruzzo 等[124]及实验 II 不同工况下平均输运距离与茎杆密度的倒数之间的变化关系

R_0 的取值除了与水流条件相关，与漂浮颗粒和茎杆之间的交互作用也直接相关，简单地讲，R_0 的取值越大表示漂浮颗粒的输运能力越强，可以在挺水植被阵列中输运更远的距离；反之表示其输运能力弱，易于被茎杆所俘获。

如图 3.22 所示，包含引自 Defina 和 Peruzzo[14]及 Peruzzo 等[124]文献中的数据，实验 I 中包含不同流速条件下相同漂浮颗粒与茎杆的输运过程，其 R_0 随特征流速的增加呈幂指数增加；实验 II 结果显示，直径越大的木球其 R_0 值也越大，相应的输运能力越强，当然这还需要更多的漂浮颗粒-茎杆之间的交互作用来支持，在后面的章节中会接着进行讨论。

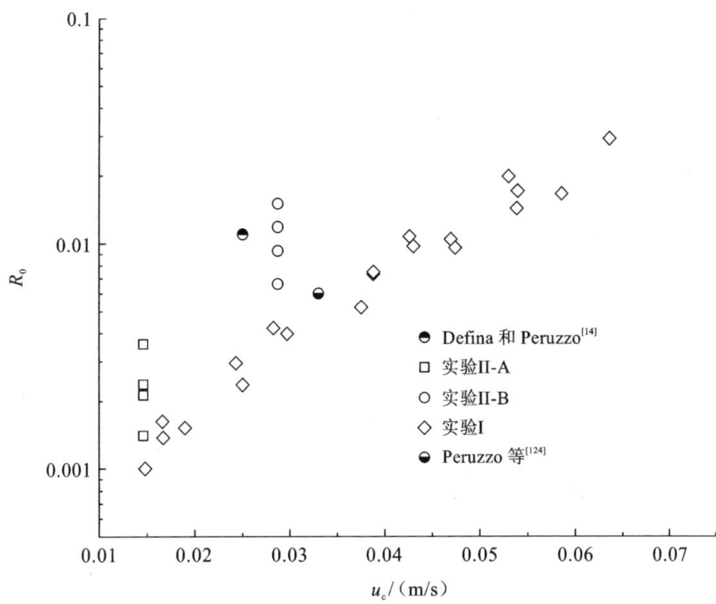

图 3.22　Defina 和 Peruzzo[14]、Peruzzo 等[124]及实验 I、实验 II 中不同类型漂浮（模拟）种子水流速度与输运能力参数之间的变化关系

3.5　漂浮种子解俘获动力学过程

漂浮种子自上游漂流至茎杆附近时，在惯性及毛细作用下可能为茎杆所俘获，即与之发生碰撞事件，称为碰撞阶段。在水流速度较低时，毛细作用力在后续的漂浮种子-茎杆交互作用中起到主导作用，因而会存在永久俘获事件发生的可能，从而导致稳定的漂浮状态下定植。但同时也可能发生临时俘获事件，漂浮种子在多种因素的共同作用下重新进入自由水流中，称为俘获阶段。在俘获阶段，当毛细作用在漂浮种子为茎杆所俘获过程中占主导作用时，从不同角度与植物茎杆相碰撞的漂浮种子均会滑动到茎杆后面的尾流区域（图 3.23），在周期性脱落的尾涡作用下做准周期摆动。当漂浮种子与植被茎杆在同一量级时，漂浮种子的准周期摆动与近尾涡水流结构相互影响。周期性脱落的涡体作用为漂浮种子作准周期摆动提供周期性不连续的驱动力，且与种子和植物茎杆固有物理特点及水流来流速度有关。更确切地说，浮力种子在茎杆近尾流区域中的尺寸占比可以直接决定种子对于脱落涡体的响应过程。

本节在实验和作用机制分析基础上讨论俘获阶段，漂浮颗粒的运动特点及其解俘获的机制。本节实验与 3.4 节中实验 II 是同期进行的，具体实验设置参见表 3.4，实验包含 4 种密度工况，在密度工况为 1 110 m^{-2} 时，一共设计了 7 个流速工况，同时还包含部分植被覆盖工况。漂浮颗粒在俘获阶段的摆动轨迹均在植被测试区域中段固定区域进行拍摄，每个工况条件下在横向上选择不同的位置跟踪约 20 枚被俘获的漂浮颗粒，每个位置的拍摄以漂浮颗粒完全脱离茎杆的俘获或拍摄时长满 20 min（永久俘获的时间阈值）

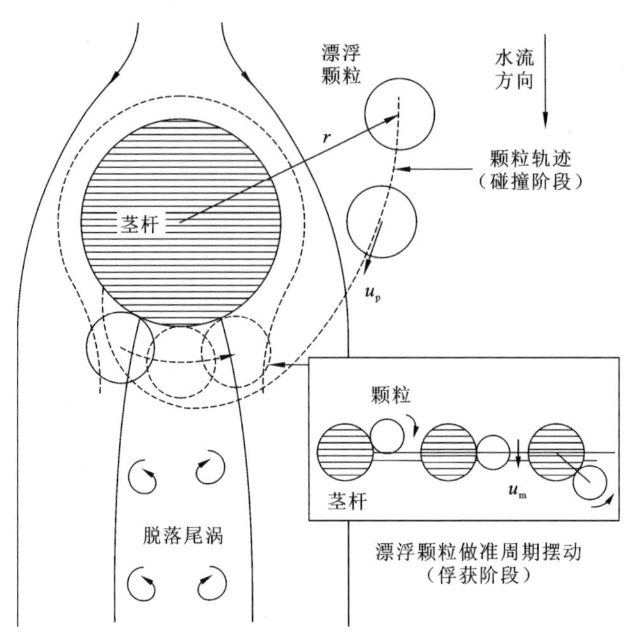

图 3.23　漂浮颗粒自上流漂流至茎杆附近，为其所俘获及解俘获过程，
其在为茎杆所俘获后作准周期摆动，并可能解俘获进而进入自由水流中

为止。图 3.24～图 3.30 分别为茎杆密度为 1 110 m^{-2}，水流速度为 0.026 1～0.094 5 m/s 工况下，直径为 d_p = 0.8 cm 的漂浮颗粒横向位移与时间序列变化关系的部分数据。

表 3.4　实验工况设计及主要参数描述

实验工况	u_b/（m/s）	Re_d	$We/10^{-2}$	n_s/m^{-2}	$\varepsilon/10^{-2}$	模拟种子
A1	0.026 1	208.8	7.46	1 110	1.57	0.4 cm，0.6 cm，0.8 cm，1.0 cm 球体
A2	0.039 3	314.4	16.92	1 110	1.57	0.4 cm，0.6 cm，0.8 cm，1.0 cm 球体
A3	0.046 8	374.4	24.00	1 110	1.57	0.4 cm，0.6 cm，0.8 cm，1.0 cm 球体
A4	0.057 2	457.6	35.85	1 110	1.57	0.4 cm，0.6 cm，0.8 cm，1.0 cm 球体
A5	0.073 1	584.8	58.55	1 110	1.57	0.4 cm，0.6 cm，0.8 cm，1.0 cm 球体
A6	0.082 7	661.6	74.95	1 110	1.57	0.4 cm，0.6 cm，0.8 cm，1.0 cm 球体
A7	0.094 5	756.0	97.86	1 110	1.57	0.4 cm，0.6 cm，0.8 cm，1.0 cm 球体
B1	0.046 8	374.4	24.00	1	0.01	0.4 cm，0.6 cm，0.8 cm，1.0 cm 球体
B2	0.046 8	374.4	24.00	1 110	0.055 8	0.4 cm，0.6 cm，0.8 cm，1.0 cm 球体
B3	0.046 8	374.4	24.00	802	0.040 3	0.4 cm，0.6 cm，0.8 cm，1.0 cm 球体
B4	0.046 8	374.4	24.00	679	0.034 1	0.4 cm，0.6 cm，0.8 cm，1.0 cm 球体
B5	0.046 8	374.4	24.00	557	0.028 0	0.4 cm，0.6 cm，0.8 cm，1.0 cm 球体

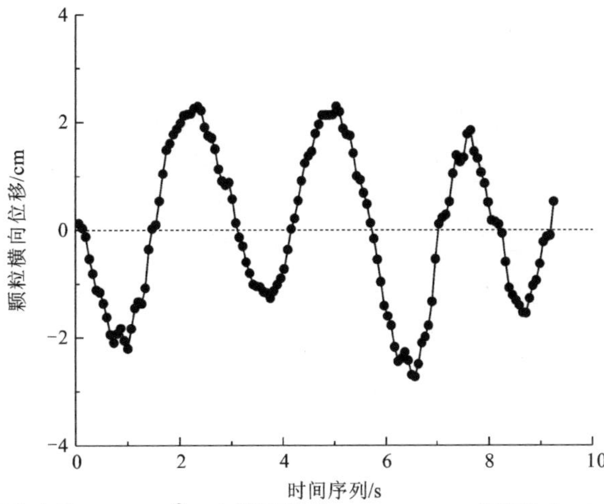

图 3.24　茎杆密度为 1 110 m^{-2}，水流速度为 0.026 1 m/s 工况下 d_p = 0.8 cm 漂浮颗粒横向位移与时间序列的变化关系

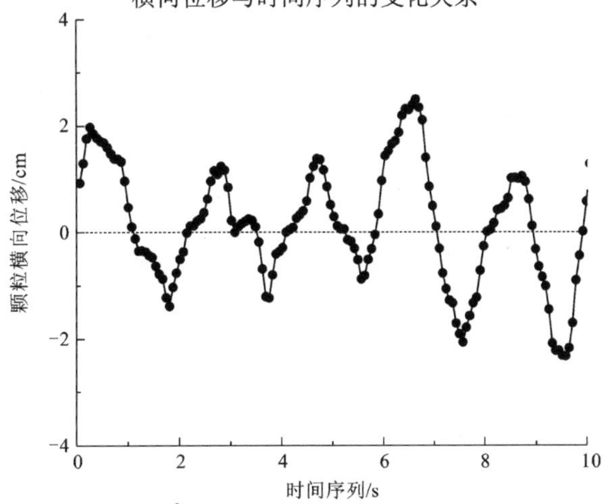

图 3.25　茎杆密度为 1 110 m^{-2}，水流速度为 0.039 3 m/s 工况下 d_p = 0.8 cm 漂浮颗粒横向位移与时间序列的变化关系

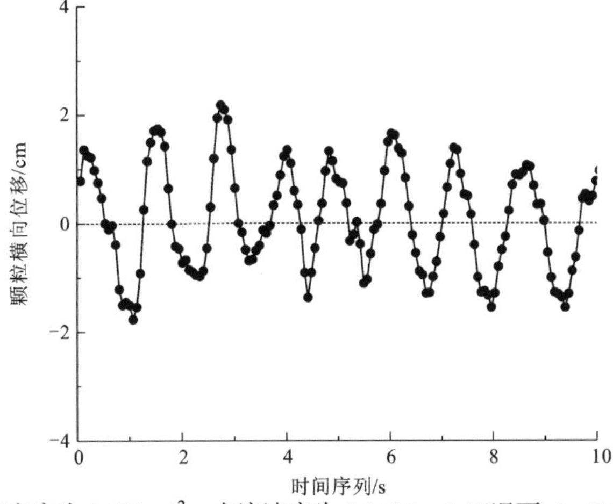

图 3.26　茎杆密度为 1 110 m^{-2}，水流速度为 0.046 8 m/s 工况下 d_p = 0.8 cm 漂浮颗粒横向位移与时间序列的变化关系

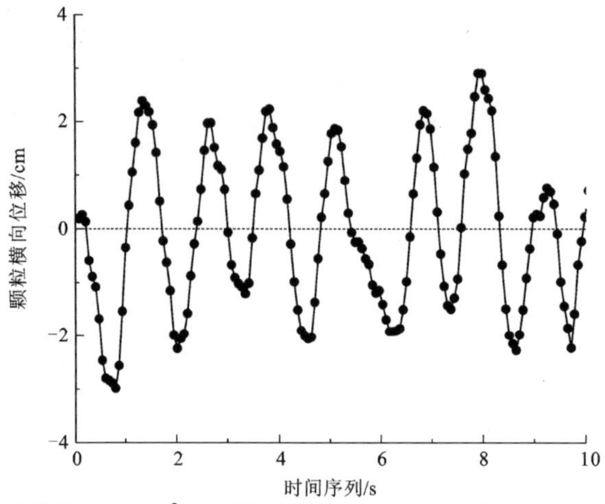

图 3.27　茎杆密度为 1 110 m^{-2}，水流速度为 0.057 2 m/s 工况下 $d_p=0.8$ cm 漂浮颗粒横向位移与时间序列的变化关系

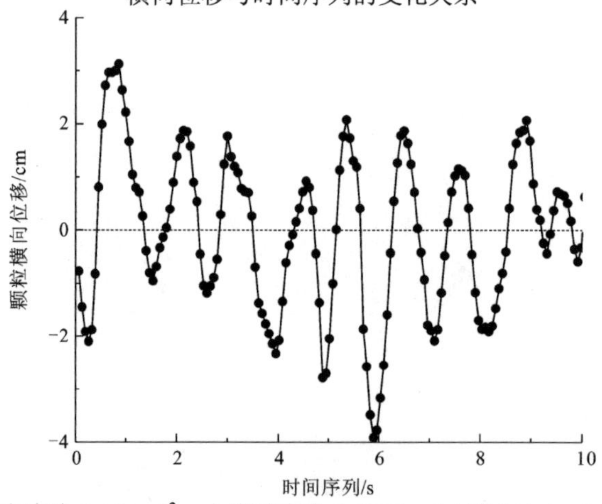

图 3.28　茎杆密度为 1 110 m^{-2}，水流速度为 0.073 1 m/s 工况下 $d_p=0.8$ cm 漂浮颗粒横向位移与时间序列的变化关系

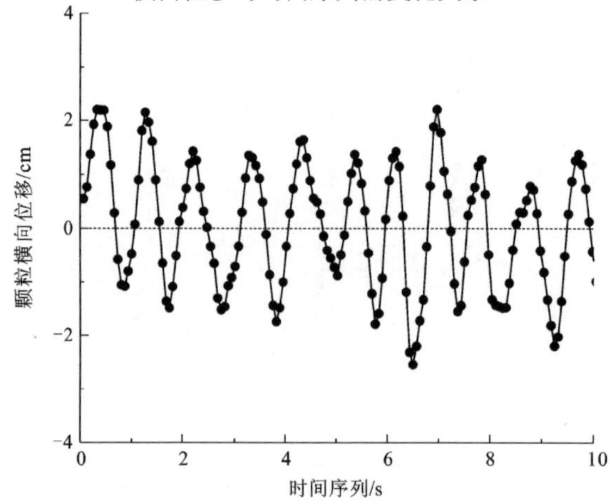

图 3.29　茎杆密度为 1 110 m^{-2}，水流速度为 0.082 7 m/s 工况下 $d_p=0.8$ cm 漂浮颗粒横向位移与时间序列的变化关系

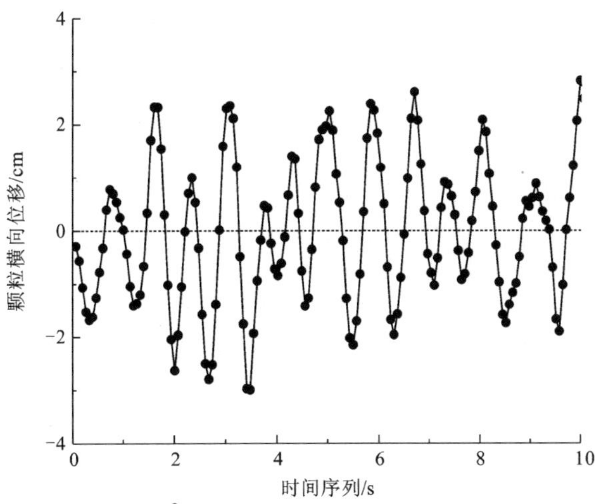

图 3.30　茎杆密度为 1 110 m^{-2}，水流速度为 0.094 5 m/s 工况下 $d_p=0.8$ cm 漂浮颗粒横向位移与时间序列的变化关系

从测得的轨迹数据点中提取出漂浮种子摆动规律是本节研究的主要任务。因为种子颗粒与茎杆涡体之间复杂的能量传递过程及测量过程中的误差问题，很多情况下种子颗粒的运动轨迹包含隐含的周期特性，其摆动周期难以由轨迹数据直接获得。功率谱分析方法可以在频域上寻找到复杂信号隐藏的周期性变化规律，通过比较验证，该方法可以准确地捕捉到漂浮种子在茎杆背水面的周期运动规律，因而本节拟采用功率谱分析方法来研究俘获颗粒的运动特性。

功率谱分析方法包括经典谱估计法和现代谱估计法，经典谱估计法又分为自相关法和周期图谱分析方法，现代谱估计法包括自回归模型谱估计法、最大熵谱估计法、滑动平均模型谱估计法、自回归滑动平均模型谱估计法等。经典谱估计法中，周期图谱分析方法对等间隔时间序列资料的分析有着广泛的运用，该方法利用傅里叶变换将间隔为 Δt 的 N 个离散的横向位移数据 $x_N(n)$ 分解为有限个不同频率的正弦波的叠加，得到一个高度近似的功率谱来对真实随机信号的功率谱进行估计：

$$X_N(\omega)=\sum_{n=0}^{N-1}x_N(n)\mathrm{e}^{-\mathrm{j}\omega n} \tag{3.32}$$

式中：e 为自然常数；j 为复数；ω 为角频率。对式（3.32）取模的平方及算数平均值，即得到一个高度近似的周期图谱，如式（3.33）：

$$\overline{S}(\omega)=\left|X_N(\omega)\right|^2/N \tag{3.33}$$

但是在实际应用中，周期图谱分析法的频率分辨率比较低，低流速工况下不能准确地识别俘获颗粒的摆动周期，这主要是由于假设没有用到的自相关函数为零，Burg[125]提出的最大熵谱估计法可以较好地修正这一弊端，对未知延迟点上的自相关函数按最大熵的原理进行外推，并进一步用无穷自相关函数 $R(t)$的序列替代给定的数据序列进行功率谱估计。假设颗粒位移序列的概率密度函数为 $p(x)$，则 $p(x)$表示为

$$p(x)=\frac{1}{\sqrt{2\pi\sigma}}\mathrm{e}^{\frac{-x}{2\sigma^2}} \tag{3.34}$$

式中 $\sigma^2=\int_{-\infty}^{+\infty}x^2p(x)\mathrm{d}x$，数据序列的熵为

$$H=-\int_{-\infty}^{+\infty}p(x)\ln p(x)\mathrm{d}x \tag{3.35}$$

根据 Burg 在信息论中关于熵的推导，最大熵谱估计可以表示为

$$P_x(\omega)=\frac{\sigma^2}{\left|1+\sum_{m_*=1}^{M}a_{\mathrm{m}}\mathrm{e}^{-\mathrm{j}\omega m_*}\right|^2} \tag{3.36}$$

式中：m_*与 a_{m} 分别为最大熵自回归阶数与系数，通过计算求得这些参数即可获得最大熵谱密度。在最大熵法外推过程中，自相关函数序列可以认为等价于自回归计算，求得谱密度存在峰值点的地方对应的频率，即可得到俘获颗粒运动的周期 T_{m}。每组实验中，选取 20 颗相同大小的木球进行分析，通过编写的图像分析程序对每帧视频进行分析，得到每帧中木球的原始坐标，设（X_n,Y_n）为第 n 帧图片中浮力种子的坐标，并对原始坐标进行处理可得新坐标（x_n,y_n）为

$$\begin{cases}x_n=X_n-\sum X_n/n\\ y_n=Y_n-\sum Y_n/n\end{cases} \tag{3.37}$$

采用最大熵谱估计法分析种子准周期摆动的位移分量的特征时，自回归阶数的选取十分重要，较小的阶数所获得的熵谱十分平滑，但可能不能准确地分辨时间序列的周期分量，而过大的阶数又会直接影响最大熵估计值的稳定性[126]。这里，可以根据 Beryman 在大量实践分析基础上提出的经验公式 $m_*=2n/\ln(2N)$ 来选择自回归阶数。以上分析内容通过 MATLAB 程序实现，由此可获得不同直径漂浮颗粒的摆动频率。图 3.31 展示了一枚直径为 0.6 cm 漂浮颗粒在水流速度为 0.0572 m/s 的条件下做准周期摆动的功率谱密

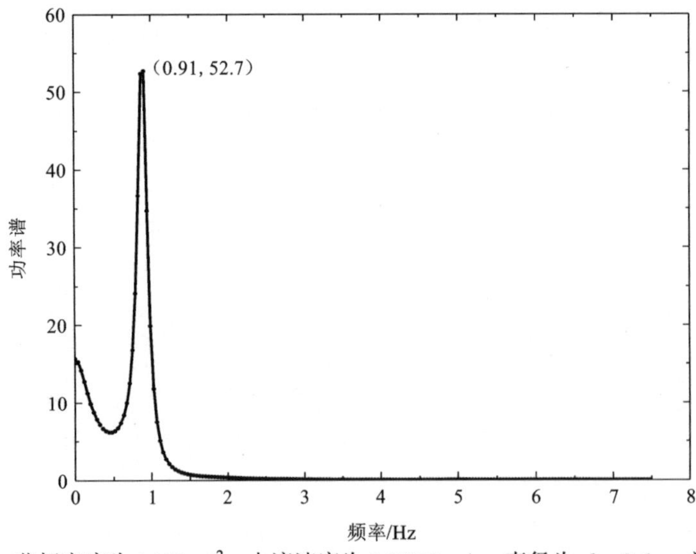

图 3.31　茎杆密度为 1110 m^{-2}，水流速度为 0.0572 m/s，直径为 $d_{\mathrm{p}}=0.6$ cm 漂浮颗粒作准周期摆动的功率谱密度

度图。如图 3.32 所示，不同直径的漂浮颗粒摆动频率均与茎杆雷诺数呈正相关。与式（3.12）给出的尾涡脱落频率相比，漂浮颗粒摆动频率增量要明显小于其激励涡体随水流速度增大所增加的量，这与两者之间的非线性响应关系有关，同时漂浮颗粒的存在会对尾涡脱落频率产生不可忽视的影响，这些均需要更精细化的实验进行探索。

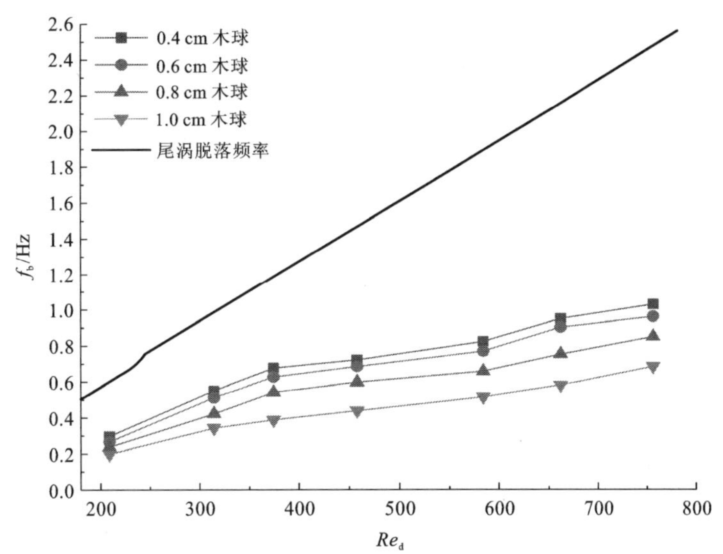

图 3.32　茎杆密度为 1 110 m^{-2} 时，不同直径木球在茎杆后近尾流区域作准周期摆动频率与茎杆雷诺数之间的关系

在获得漂浮颗粒在茎杆后近尾流区域中摆动周期条件下，一个数据序列中每个周期内种子摆动的最大速度的平均值被定义为特征摆动速度（横向运动速度）。越大的特征摆动速度意味着越小的运动稳定性，被俘获的种子有更大的可能会解俘获。图 3.33 给出了茎杆密度为 1 110 m^{-2} 时，不同直径木球在茎杆后近尾流区域作准周期摆动特征的摆动速度与来流速度的关系。漂浮颗粒与挺水植被茎杆之间的毛细作用力取决于两者之间自由液面的变形程度，且与变形程度呈正相关，根据毛细作用力的线性理论[127]，漂浮种子与植被茎杆之间的距离为 r 的横向毛细作用力可表示为

$$F_c = 2\pi\sigma q Q_s Q_p K_1(qr) \tag{3.38}$$

式中：Q_s 和 Q_p 分别为茎杆和漂浮颗粒的毛细作用负载；$K_1(\ )$为一阶的第二类修正的贝塞尔函数；$q=\sqrt{\Delta\rho g/\sigma}$ 为毛细长度的倒数值，$\Delta\rho$ 为标准大气压下水和空气的密度差（g/m^3）。对于毛细作用负载，具体有

$$Q_s = 0.5 d_s^* \sin\varphi_s \tag{3.39}$$

$$Q_p = 0.5 d_p^* \sin\varphi_p \tag{3.40}$$

式中：φ_s 与 φ_p 分别为植被茎杆与漂浮种子之间半月形弧液面与水平面之间的填充角；$d_s^* = d_s\sin(\alpha_s+\varphi_s)$ 和 $d_p^* = d_p\sin(\alpha_p+\varphi_p)$ 分别为茎杆及漂浮颗粒的空气-液面接触弧线的直径，其中 α_s 和 α_p 分别为半月形弧液面与茎杆及漂浮颗粒之间的接触角，对于本书中

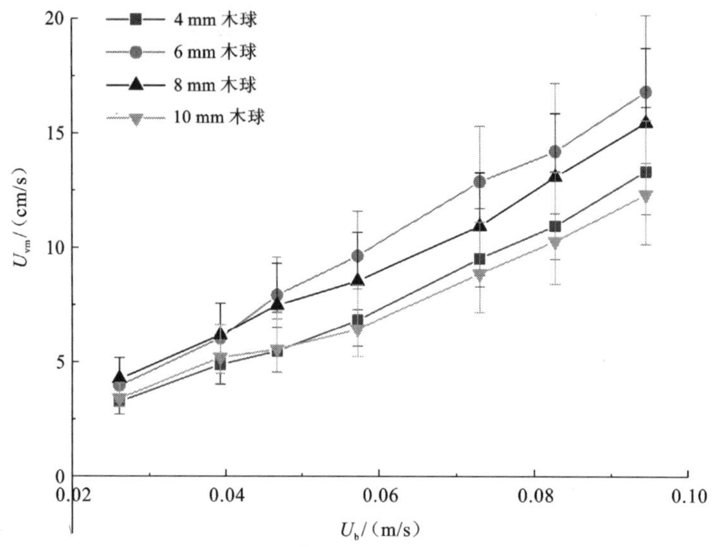

图 3.33　茎杆密度为 1 110 m^{-2} 时，不同直径木球在茎杆后近尾流区域作准周期摆动特征的摆动速度与来流速度的关系

所采用的刚性挺水茎杆，$\alpha_s+\varphi_s=\pi/2$。Dushkin 等[127]认为对于漂浮种子与茎杆之间距离大于毛细长度 q^{-1} 的毛细作用力，式（3.38）具有完全的适用性，且漂浮种子与茎杆的毛细作用力可近似认为与作用距离无关。将式（3.38）～式（3.40）整理，漂浮种子与茎杆之间的横向毛细作用力可以写为

$$F_c=\frac{\pi}{2}d_p d_s \sigma q \sin(\alpha_p+\varphi_p)\sin\varphi_s \sin\varphi_p K_1(qL) \tag{3.41}$$

漂浮种子在茎杆后近尾流区域内的水流拖曳力可表示为

$$F_{DP}=\frac{1}{2}k_{dp}C_{dp}\rho_w U_b^2 \tag{3.42}$$

式中：k_{dp} 为因茎杆对吸附其后漂浮种子的遮蔽效应而取的修正参数。事实上，只需要漂浮种子在周期性摆动中处于平衡位置时的 E_s 取值即可，在该处其最易于脱离茎杆的俘获，即取 $\min(E_s)$，此时其惯性离心作用可以表示为

$$F_I=2m_p U_{vm}^2/(d_p+d_s) \tag{3.43}$$

式中：m_p 为漂浮种子的质量；U_{vm} 为漂浮种子在摆动过程中处于平衡位置时的横向运动速度，在获取漂浮颗粒运动轨迹的基础上，其瞬时横向运动速度是通过中心差分方法得到的。如图 3.34 所示，茎杆密度为 1 110 m^{-2}，水流速度为 0.057 2 m/s，直径为 0.6 cm 的漂浮颗粒横向摆动速度与时间序列的关系说明漂浮颗粒横向摆动的平衡位置并不是严格位于顺流向过茎杆中心轴线。事实上，平衡位置与植被茎杆分布位置有关，在实际处理中以其在一个周期中的横向速度最大的位置为平衡位置。

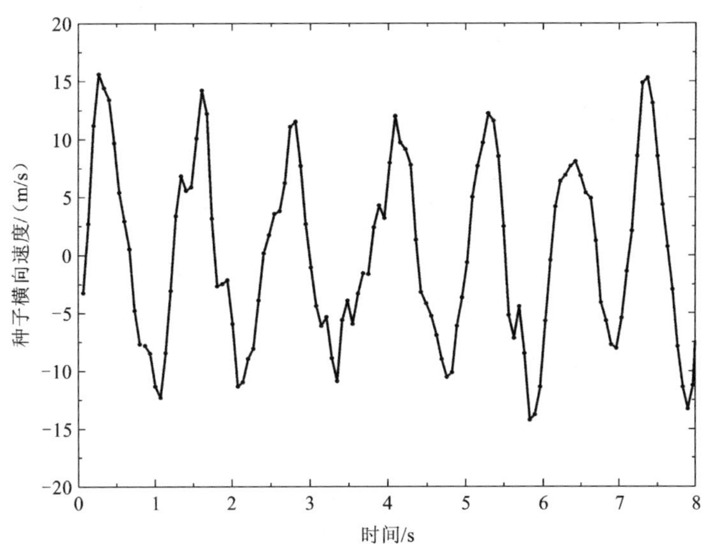

图 3.34　茎杆密度为 1 110 m^{-2}，水流速度为 0.057 2 m/s，直径为 0.6 cm 漂浮颗粒瞬时横向摆动速度与时间序列的关系

冯·卡门考虑圆柱后上游和下游方向延伸到无穷远处的点涡，利用动量理论得到了作用在圆柱表面单位长度的平均阻力，并对圆柱尾流涡系动量与绕流阻力之间的关系进行陈述。在产生一对漩涡的时间段内，涡街的速度为 u_k，漩涡强度为 K，两列涡内相同转向涡的纵向间距为 a，横向间距为 b，对因漩涡脱落而导致植被茎杆周围流体的动量差进行积分，得到圆柱每单位长度的总阻力为

$$F_d = \rho_w K \frac{b}{a}(U_b - 2u_k) + \rho_w \frac{K^2}{2\pi a} \tag{3.44}$$

为了反映其动力学特征，进一步对最不稳定涡街做特例分析，此时 $b/a = 0.281$，$K = 2\sqrt{2}$，并总体平均拖曳力系数 $C_{ds} = F_d / 0.5\rho_w U_b^2 d_s$，式（3.44）可以简化为

$$C_{ds} = \frac{a}{d_s}\left[1.581\frac{u_k}{U_b} - 0.628\left(\frac{u_k}{U_b}\right)^2\right] \tag{3.45}$$

由式（3.45）可知，C_{ds} 的取值取决于 a/d_s 与 u_k/U_b。事实上，实验中注意到 a 的变化是非常小的，尤其是在来流速度确定的情况下，可以认为是恒定的；同时 $u_k/U_b < 1.0$ 是必然成立的，因此 u_k/U_b 与 C_{ds} 呈正相关关系。被俘获的种子通过与脱落涡体之间的动量交换获得动量，越大的涡街速度意味着漂浮颗粒可以获得更大的动量。茎杆密度为 1 110 m^{-2}，不同直径的木球颗粒时均特征摆动速度与水流速度之间的关系如图 3.35 所示，图中误差线表示其变化范围。在本节考虑的茎杆雷诺数（$209 < Re_d < 756$）范围内，可知特征摆动速度与水流速度呈线性关系，其比例系数与茎杆平均拖曳力系数相关，可以表示为

$$U_{vm} = k_1 C_{ds} U_b \tag{3.46}$$

式中：$k_1 = O(1)$ 为比例系数，且 $k_1(0.8\,\text{cm}) > k_1(0.6\,\text{cm}) > k_1(0.4\,\text{cm}) > k_1(1.0\,\text{cm})$。

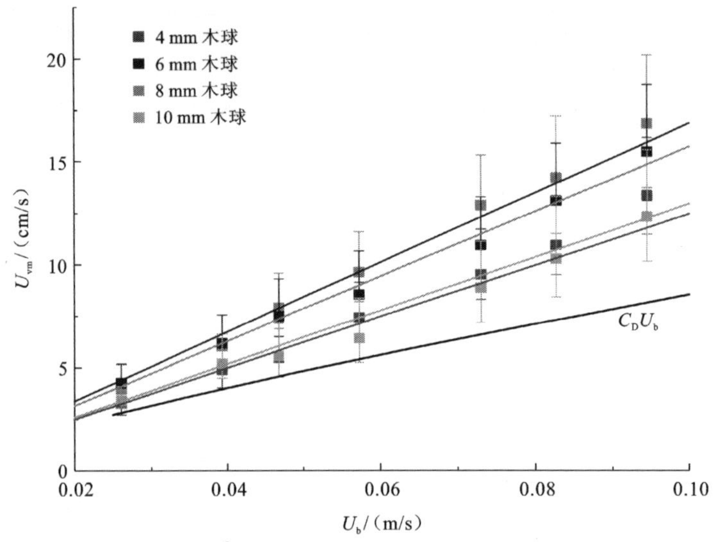

图 3.35　茎杆密度为 1 110 m^{-2}，不同直径的木球特征摆动速度与水流速度之间的关系

在俘获阶段，漂浮颗粒的运动状态为水流拖曳力、惯性离心作用及毛细作用力的共同作用所支配，前两者会促使漂浮颗粒克服毛细作用力而脱离俘获状态。基于此定义参数 E_s 为漂浮颗粒的解俘获能力，为水流拖曳力与惯性离心作用之和与毛细作用力的比值：

$$E_s = (F_{Dp} + F_I) / F_c \tag{3.47}$$

E_s 值越大表明漂浮颗粒更易于解俘获而进入自由水流中。为进一步分析漂浮颗粒物理特征对 E_s 的影响，对式（3.47）中各项作用力进行变量分析。由式（3.45）可知，F_c 与漂浮颗粒弧液面接触角呈正相关，同时，White 和 Tallmadge [96]的实验结果表明，漂浮颗粒与水接触的弧液面高度与其直径的增加呈对数增长，结合式（3.5），可得

$$F_c \propto (\delta_v - \rho_0) d_p^3 d_s^2 (d_p + d_s)^{-3} \tag{3.48}$$

式中：ρ_0 为漂浮颗粒与水的密度比；δ_v 为漂浮颗粒的体积淹没度，将式（3.46）代入式（3.43）中，漂浮颗粒脱离茎杆俘获的作用 $F_I + F_D$ 可以表示为

$$(F_I + F_D) \propto [\delta_v d_p^2 + \rho_0 d_p^3 (d_p + d_s)^{-1}] U_b^2 \tag{3.49}$$

进而，式（3.47）的变量分析结果可写为

$$E_s \propto \frac{1 + \rho_0 d_0}{d_0 (\delta_v - \rho_0)} (1 + d_0)^3 U_b^2 \tag{3.50}$$

式（3.50）反映的是漂浮颗粒物理特征在不同水流速度条件下对于被俘获的漂浮颗粒解俘获过程的动力学影响。下游的茎杆会因为上游茎杆的尾涡区内的速度衰减，而承受更小的水流冲击；同时，上游尾流引起的湍流也会引起下游茎杆表面的分离点向上游移动，从而导致柱体表面承受更小的压强差，承受更小的水流冲击力。这是因为植被尾流引起的遮蔽效应会减少作用在下游茎杆上的拖曳力。

上述分析表明，不同的植被密度对于植被近尾流区域的影响会改变被俘获的种子颗粒的摆动过程。如图 3.36 所示，由水流速度为 0.0468 m/s，不同茎杆密度条件下漂浮颗粒特征摆动速度变化关系可知，漂浮颗粒的特征摆动速度随茎杆密度增加而略有降低。这一观点在式（3.46）中即有体现，相对高密度茎杆阵列中（$\varepsilon<0.06$）茎杆后涡街速度会略有降低，这一规律大致上可以体现在茎杆拖曳力系数与茎杆密度的变化关系中，然而茎杆密度对于脱落尾流与漂浮颗粒之间的动量传递过程的影响并不明显。

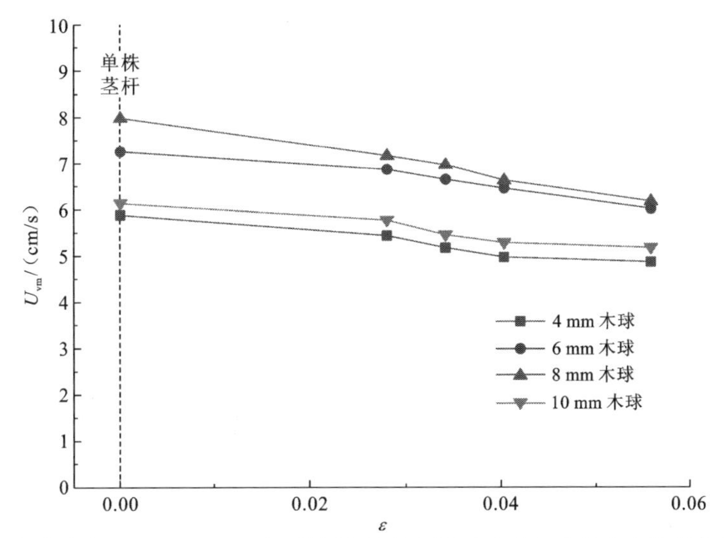

图 3.36　水流速度为 0.0468 m/s 时，漂浮颗粒特征摆动速度与茎杆分布密度之间的关系

3.6　漂浮种子俘获时间分布

当漂浮颗粒与茎杆之间的毛细作用在其交互作用中起到主导作用时，单个碰撞事件的俘获阶段中漂浮颗粒的命运与其自上游与茎杆相碰撞的入射角度有关，该角度定义为漂浮颗粒与茎杆表面初始接触点与茎杆中心连线和过茎杆中心向下游的方向的夹角（图 3.37）。在低流速条件下，漂浮颗粒在毛细作用力吸引下与茎杆相碰撞，根据其俘获阶段不同的作用机制，碰撞角可分为两类。一类为 $\varphi_m<\pi/2$，此时可以认为漂浮颗粒为惯性作用主导直接与茎杆相碰撞，且碰撞后漂浮颗粒会沿着茎杆表面滑移到近尾涡区域（图中深色区域），漂浮颗粒可在周期性脱落尾涡的作用下在该区域作准周期摆动，漂浮颗粒可能被永久俘获或者长时间滞留在该区域。另一类为 $\varphi_m>\pi/2$，此时可以认为毛细作用力在碰撞过程中占主导作用，当水流速度增大时，即漂浮颗粒惯性较大时，漂浮颗粒在与茎杆相碰撞后可能会途经近尾流区域且沿着该区域边缘进入中间尾流区域，此时漂浮颗粒为茎杆所临时俘获且其滞留时间会较短。随着水流速度的增加，由惯性作用主导的碰撞事件的占比将会随之增加，因而可以认为在毛细作用依然为主要碰撞动力来源的前提下，随着水流速度的增加，较大的滞留时间在临时俘获事件中的占比会增加。

在此观点上，认为单个碰撞事件中发生滞留现象的主要是机械碰撞及尾流区域中输运流速亏损（茎杆后尾流区域速度亏损及毛细作用减速效果）造成的。

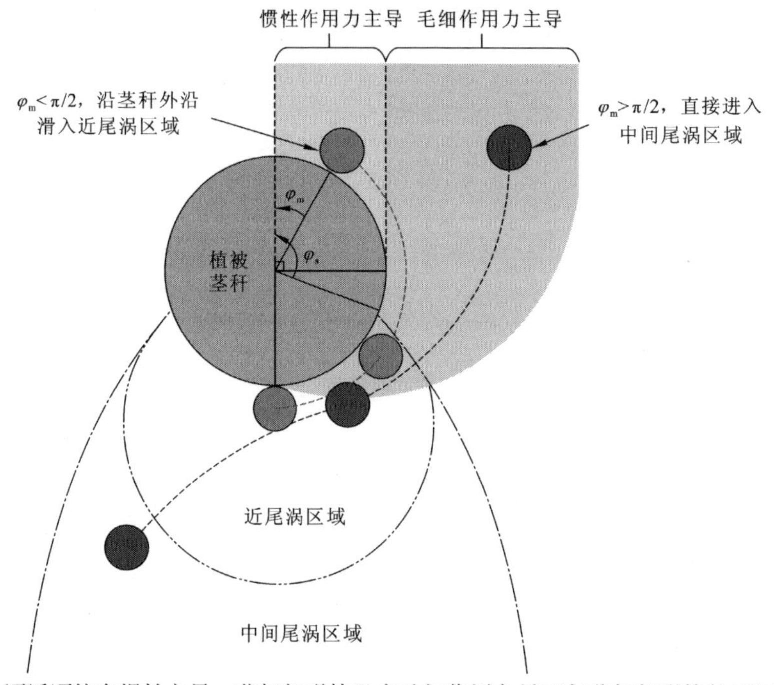

图 3.37　漂浮颗粒在惯性主导、茎杆相碰撞及在毛细作用主导下与茎杆相碰撞的不同命运概图

Defina 和 Peruzzo[128]认为在水流速度为 0.033～0.133 m/s，其滞留时间可以由指数分布来描述，且他们利用一个加权的双指数分布来描述该过程，一部分滞留时间较长而另一部分滞留时间较短。进一步分析，我们认为在本节所建立滞留时间模型中可以很好地解释这一问题，并且给出两种不同尺度的滞留时间的加权关系。在碰撞阶段中，漂浮颗粒与茎杆相碰撞的概率定义为 P_{i}；在碰撞事件发生后，其发生长时间及短时间俘获的概率分别被定义为 P_{L} 及 P_{S}，同时为茎杆所永久俘获的概率为 P_{c}。总结上述分析的结论，漂浮颗粒发生长时间俘获及永久俘获事件在机制上与短时间俘获事件上是相区别的，即其分别由惯性作用及毛细作用主导，用以描述漂浮颗粒临时俘获事件滞留时间加权形式的双指数概率分布函数为

$$P(T>t)=P_{\mathrm{L}}\mathrm{e}^{-t/T_{\mathrm{L}}}+P_{\mathrm{S}}\mathrm{e}^{-t/T_{\mathrm{S}}} \tag{3.51}$$

如图 3.38 所示，实验 I A 的实验数据被用于分析临时俘获事件滞留时间分布规律，其滞留时间的累积概率可表示为

$$P(T>t)=1-i/(N_{it}+1) \tag{3.52}$$

式中：i 为升序排列的实验中读取的滞留时间中时间随机变量 T 小于参考时间 t 的序号；N_{it} 为实验中读取的临时俘获事件的总数。实验中 5 个不同流速工况的实验数据以式（3.52）描述在图 3.39 中。图 3.38 中不同虚线为以式（3.51）为目标函数的双参数非线性拟合曲线。由图 3.39 可知，随着水流速度的增大，长时间俘获事件的比例大致以

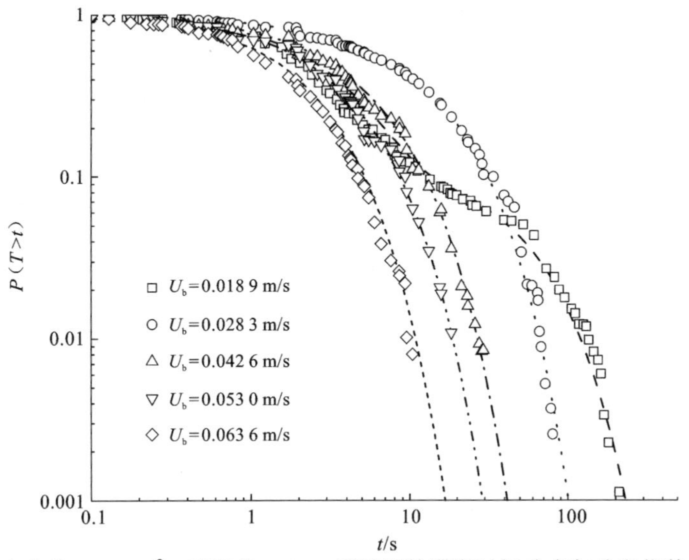

图 3.38　茎杆密度为 1 110 m^{-2}，直径为 0.6 cm 漂浮颗粒滞留时间分布与分段指数分布模型比较

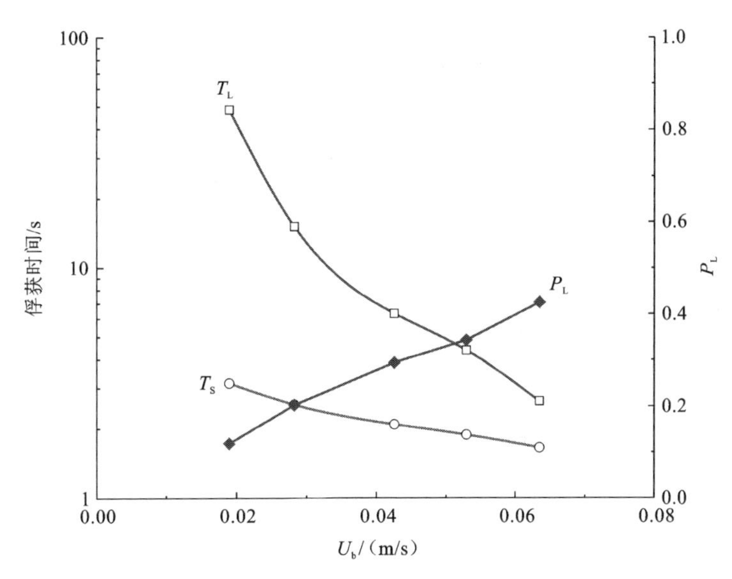

图 3.39　茎杆密度为 1 110 m^{-2}，直径为 0.6 cm 漂浮颗粒长、短俘获时间及长时间俘获事件概率与水流速度之间的关系

线性正相关增加。此外，长时间俘获时长会随水流速度的增加而减小，这与漂浮颗粒在茎杆后作准周期摆动状态有关，且逐渐与短时间俘获时长相近。可以预见的是，当水流速度足够大时，惯性作用碰撞将会占主导，此时不再有长时间和短时间俘获事件的区分，其作用机制将主要由碰撞后漂浮颗粒在尾流区域所经历的速度亏损过程所决定。

第 4 章　低流速条件下漂浮颗粒动力学输运过程

4.1 与茎杆相碰撞漂浮颗粒的受力分析

漂浮颗粒在含刚性挺水植被明渠水流中顺流而下，在接近植被茎杆时，漂浮颗粒与茎杆之间指向茎杆中心的横向毛细作用力对颗粒与茎杆的碰撞及颗粒的俘获过程具有重要的意义。对于特定的茎杆及颗粒，横向毛细作用力仅仅取决于颗粒与茎杆之间的距离（图 4.1），其相关参数的定义及定量方法见 3.2 节。

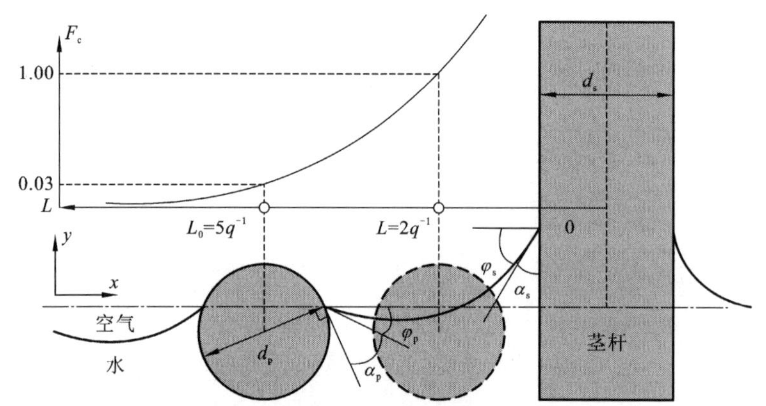

图 4.1　漂浮颗粒与刚性挺水茎杆之间的自由液面，以及两者间横向毛细作用力与距离的函数关系示意图

4.1.1　漂浮颗粒与茎杆之间的毛细作用力

由式（3.15）可知，随着漂浮颗粒与茎杆之间距离增加，F_c 大致呈幂指数衰减，毛细长度作为特征衰减长度，当两者之间距离等于 $5/q$ 时，毛细作用力仅仅只有间距为 $2/q$ 的 3%。鉴于此，定义一个水平面上以茎杆中心为圆心，半径为 $5/q$ 的圆形区域为毛细影响区域，对于特定茎杆该区域外漂浮颗粒与茎杆之间的毛细作用被认为是可以忽略的。由于 $K_1(\ )$无法用初等函数系统地表示，式（3.41）在模型推导的过程中依然不方便，需要对其进行近似处理，对于本书中所采用的茎杆和漂浮颗粒尺寸，$qL>2$，采用幂函数可以很好地近似（图 4.2）：

$$K_1(qL) \approx (qL)^{-3} \tag{4.1}$$

因而，式（3.41）可近似为

$$F_c = \frac{\pi}{2} d_p d_s \sigma q \sin(\alpha_p + \varphi_p) \sin\varphi_s \sin\varphi_p (qL)^{-3} \tag{4.2}$$

为了便于后续分析颗粒的物理特征对碰撞及俘获过程的影响，这里引入两个无量纲参数来评价漂浮颗粒和茎杆的表面特征及尺寸对横向毛细作用力的作用：

$$D_p = d_p q \sin(\alpha_p + \varphi_p) \sin\varphi_p \tag{4.3}$$

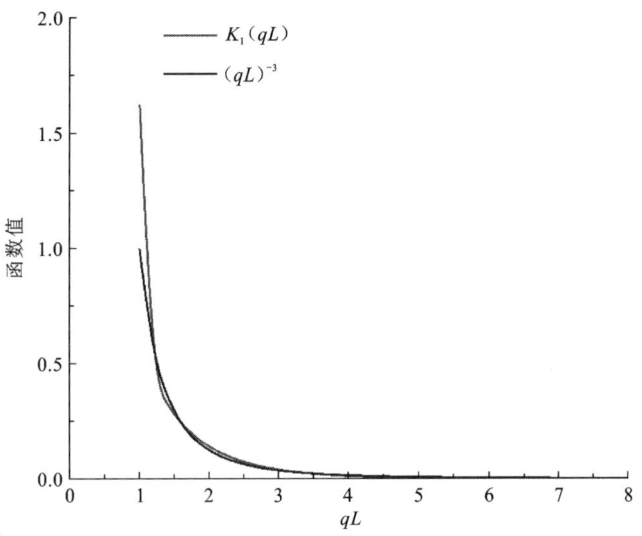

图 4.2　第二类修正贝塞尔函数与近似幂指函数对比图

$$D_s = d_s q \sin\varphi_s \tag{4.4}$$

进一步地，式（3.41）可以被改写为

$$F_c = \frac{\pi}{2} D_s D_p \sigma q^{-4} L^{-3} \tag{4.5}$$

4.1.2　作用于漂浮颗粒的水流拖曳力

在漂浮颗粒进入毛细影响区域之前，漂浮颗粒处于随水漂流状态，即其输运速度与水流速度相同，或者可以认为漂浮颗粒与流体团的滑移速度（U_{pr}）为零。在进入毛细影响区域之后，在毛细作用力的影响下，漂浮颗粒的输运速度开始逐渐偏离水流速度方向，两者之间的滑移速度不可忽略，相应地作用于漂浮颗粒的水流拖曳力（F_D）可以一般性地写为

$$F_D = 0.5 C_{dp} \rho_w A_p U_{pr}^2 \tag{4.6}$$

式中：C_{dp} 为漂浮颗粒拖曳力系数；A_p 为淹没部分漂浮颗粒的迎流面积。在毛细作用有效作用范围内，颗粒滑移速度 U_{pr} 足够小以至于颗粒雷诺数 $Re_p = \rho_w U_{pr} d_p / \mu$ 小于 1，此时漂浮颗粒的运动服从斯托克斯定律，漂浮颗粒拖曳力系数可以近似为 $C_{dp} = 24 f_d / Re_p$，同时作用于漂浮颗粒的拖曳力可以写为

$$F_D = 12 \mu f_d A_p U_{pr} / d_p \tag{4.7}$$

式中：f_d 为修正参数。假如颗粒被完全淹没在液体中，f_d 可被认为等于 1；在部分淹没的状态下，f_d 则不能取为 1。Petkov 等[129]在实验的基础上给出对于漂浮颗粒的弧液面接触角在 49°～82° 时，f_d 的取值在 0.68～0.54，同时漂浮颗粒淹没度越低，则 f_d 的取值会越小。本章中 f_d 的取值在 Petkov 等[129]的研究成果基础上通过插值获得。

4.1.3 漂浮颗粒惯性离心作用

在漂浮颗粒进入毛细影响区域之后，开始在毛细力及惯性力的共同作用下以盘旋行进的方式接近茎杆，直至发生碰撞。Peruzzo 等[124]认为漂浮颗粒沿着其最外层可碰撞轨迹可以在茎杆的背迎流面末端与之相碰撞，但事实上，在一些低流速工况中，我们发现漂浮颗粒可以沿着最外层可碰撞轨迹在相反侧与茎杆相碰撞。因此，我们认为一些与茎杆发生碰撞事件的漂浮颗粒可能脱离茎杆的俘获进入自由水流中，或者继续沿着茎杆表面运动到与碰撞轨迹相反的一侧，这一现象在本书的实验观察中得到了证实。由于惯性力的存在，漂浮颗粒在接近茎杆的过程中有可能会脱离毛细作用力的吸引，逃离到自由水流中，在非惯性参考系中，这种机制表现为惯性离心力（F_{I}）。在漂浮颗粒逐渐靠近茎杆时，惯性离心力逐渐降低直到碰撞事件发生：

$$F_{\mathrm{I}}=m_{\mathrm{p}}U_{\mathrm{p}}^{2}/L \tag{4.8}$$

在漂浮颗粒与茎杆发生碰撞之后，漂浮颗粒即进入俘获阶段，在低韦伯数条件下，漂浮颗粒会滑入茎杆后尾涡区域，同时在周期性脱落尾涡激励下做准周期运动（如 3.5 节所述），此时惯性离心力是颗粒脱离茎杆俘获进入自由水流的主要因素之一。

4.2 动力学模型——碰撞概率

4.2.1 低流速下碰撞阶段运动学模型

漂浮颗粒碰撞阶段，在迹线轨迹法的基础上建立完整的解析模型是十分困难的。这里在极坐标下对碰撞阶段中漂浮颗粒的各种作用效果进行量级分析，并对毛细作用力（F_{c}）进行归一化处理，以便于推导解析模型。在低流速条件下（$Re_{\mathrm{d}}<400$），F_{D} 的 r 方向分量 $F_{\mathrm{D}r}$ 近似为由 0 递增至 $12\mu f_{\mathrm{D}}A_{\mathrm{p}}U_{\mathrm{b}}/d_{\mathrm{p}}$，同时 θ 方向分量 $F_{\mathrm{D}\theta}$ 可以被直接忽略。在漂浮颗粒接近茎杆的过程中，毛细作用力 F_{c} 自 $0.5\pi D_{\mathrm{p}}D_{\mathrm{s}}\sigma q^{-4}r_0^{-3}$ 逐渐增加至 $0.5\pi D_{\mathrm{p}}D_{\mathrm{s}}\sigma q^{-4}(r_{\mathrm{s}}+r_{\mathrm{p}})^{-3}$，即 $F_{\mathrm{c}}\propto r^{-3}$。在整个碰撞阶段，漂浮颗粒绕茎杆盘旋行进的角速度 $\mathrm{d}\theta/\mathrm{d}t$ 可以假设为保持不变的常数，因而沿径向的离心惯性力 F_{I} 可近似为 $rU_{\mathrm{b}}^{2}/r_0^{2}$，即 $F_{\mathrm{I}}\propto r$，同时在漂浮颗粒与茎杆发生碰撞时，$F_{\mathrm{I}}\to 0$。为了更直观地表示各项作用效果的动态变化过程，相应的作用力以径向坐标 r 的函数形式在不同流速工况下表示（图 4.3）。对于本书所研究的漂浮颗粒尺寸，参数 f_{D} 取为 0.75，径向坐标 r 的变化范围为 $2/q\sim5/q$，相关的参数见表 4.1。

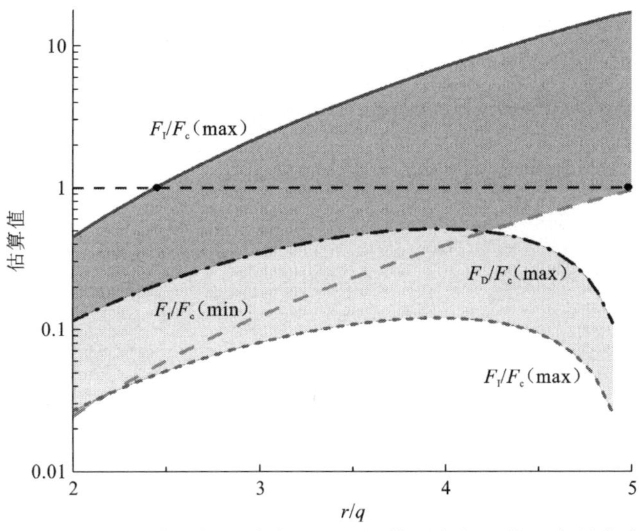

图 4.3　作用于漂浮颗粒上的三种力（以毛细作用力归一化）在最小流速工况至最大流速工况下随径向坐标 r 的变化过程

表 4.1　本章所取两种漂浮颗粒物理参数及毛细作用特征参数

颗粒种类	平均直径/cm	质量/g	密度/（g/cm^3）	α_p/（°）	φ_p/（°）	φ_s/（°）	α_s/（°）
木质球体	0.60	0.080	0.7044	25.55	17.25	25.00	75.00
菖蒲种子	0.72	0.068	0.6585	82.95	7.05	25.00	75.00

注：菖蒲种子的厚度为随机选取颗粒完整的 20 枚的平均值，0.18 cm

以 F_c 归一化的拖曳力 F_D 与惯性离心力 F_I 和径向坐标 r 之间的变化关系如图 4.3 所示。F_c 与水流速度无关，因此有归一化的惯性离心力与 U_b^2 呈正相关，$F_I/F_c \propto U_b^2$；归一化的水流拖曳力与 U_b 呈正相关，$F_D/F_c \propto U_b$。归一化的作用力的变化范围如图 4.3 所示，其中 $F_I/F_c(\max)$ 和 $F_I/F_c(\min)$ 分别表示最大和最小流速工况下的归一化惯性离心力，$F_D/F_c(\max)$ 和 $F_D/F_c(\min)$ 分别表示最大和最小流速工况下的归一化水流拖曳力；图中黑色实心点表示漂浮颗粒初始脱离原有运动方向的临界位置。当水流速度逐渐增加时，惯性离心力的影响开始不可忽略，因而漂浮颗粒碰撞过程的运动学方程中的惯性项需要纳入考虑。这与 Peruzzo 等[124]所建立的简化方程有所不同，量级分析表明相较于毛细作用力，水流拖曳力项可以被忽略。基于上述分析过程，在极坐标下建立一个确定颗粒在碰撞阶段运动位置的运动学方程，其中，毛细作用力及水流拖曳力可表示为颗粒坐标位置的函数［$F_c = F_c(r)$，$F_D = F_D(\theta, r)$］：

$$\begin{cases} \mathrm{d}^2 r/\mathrm{d}^2 t - r(\mathrm{d}\theta/\mathrm{d}t)^2 = F_c(r)/m_p \\ 2\mathrm{d}\theta\mathrm{d}r/\mathrm{d}^2 t + r\mathrm{d}^2\theta/\mathrm{d}^2 t = F_D(r,\theta)/m_p \end{cases} \tag{4.9}$$

式中：左边第二项为惯性项。考虑到极限轨迹条件下漂浮颗粒与茎杆在 $r_1 = (d_s + d_p)/2$ 处发生碰撞，将漂浮颗粒自 $r = r_0$ 到 $r = r_1$ 之间的持续时间定义为 T_s。进而，式（4.9）的边

界条件给定为

$$\begin{cases} t=0\begin{cases} r=r_0, & \theta=0 \\ \mathrm{d}r/\mathrm{d}t=0, & \mathrm{d}\theta/\mathrm{d}t=U_\mathrm{b}/r_0 \end{cases} \\ t=T_\mathrm{s}\begin{cases} r=r_1 \\ \theta=\pi \end{cases} \end{cases} \tag{4.10}$$

在茎杆雷诺数为 $80<Re_\mathrm{d}<400$ 时，沿θ 方向的 U_pr 足够小以至于可近似地认为 $F_\mathrm{D}(\theta,r)=0$，式（4.9）可写为

$$\mathrm{d}(r^2\mathrm{d}\theta/\mathrm{d}t)/\mathrm{d}t=0 \tag{4.11}$$

结合边界条件式（4.10），可求得式（4.9）的解为

$$r^2\mathrm{d}\theta/\mathrm{d}t=U_\mathrm{b}r_0 \tag{4.12}$$

将式（4.12）代入式（4.9），则可以改写为

$$\mathrm{d}^2r/\mathrm{d}^2t-U_\mathrm{b}^2r_0^2r^{-3}=F_\mathrm{c}(r)/m_\mathrm{p} \tag{4.13}$$

联合边界条件式（4.10），可求得式（4.9）的解析解为

$$r=\sqrt{r_0^{-2}-(0.5\pi D_\mathrm{s}D_\mathrm{p}\sigma q^{-4}/m_\mathrm{p}-U_\mathrm{b}^2r_0^2)r_0^{-2}t^2}$$

根据式（4.13）及边界条件式（4.9），可得 $\int_0^{T_\mathrm{s}} r_0U_\mathrm{b}/r^2\,\mathrm{d}t$，进而漂浮颗粒运动方程[式（4.9）]的解析解可改写为

$$(r_0/r_1)^2=\sqrt{(c\pi^2r_1^{-2}/m_\mathrm{p}+4U_\mathrm{b}^2)2-16\pi^2U_\mathrm{b}^2}\Big/2\pi^2U_\mathrm{b}^2+1/2\pi^2+c/m_\mathrm{p}U_\mathrm{b}^2r_1^2 \tag{4.14}$$

式中：长度尺度参数 $c=0.5\pi D_\mathrm{s}D_\mathrm{p}\sigma q^{-4}$。

4.2.2 漂浮颗粒与茎杆相碰撞概率

Shimeta 和 Jumars[113]及 Palmer 等[130]认为运动粒子与障碍物（如纤维滤膜、液膜等）的碰撞概率（P_i）是由障碍物上游区域粒子可与之碰撞的极限轨迹的宽度（b_m）与障碍等效直径的比值（$P_\mathrm{i}=b_\mathrm{m}/d_\mathrm{s}$）所决定，该定义常用于气溶胶及水溶胶吸附机制中。在该定义的框架下讨论漂浮颗粒在含刚性挺水植被区内的输运过程时，植被的密度并不在考虑范围内，但是这与实验中观测到的现象（如 Defina 和 Peruzzo[128]）是相冲突的。此外，当毛细作用在碰撞机制中起到主导作用时，即水流速度较低时，可碰撞的极限轨迹宽度总是大于挺水茎杆的直径，故而 $P_\mathrm{i}>1.0$，这在数学描述和应用上并不合理。在 3.4 节中建立的尺度模型框架下，每个路径片段中，漂浮颗粒有且仅有一次与茎杆相碰撞的机会，漂浮颗粒碰撞概率在几何上被定义为

$$P_\mathrm{i}=\frac{b_\mathrm{m}}{S}=\frac{2r_0}{S} \tag{4.15}$$

当阵列中相邻茎杆之间的距离比漂浮颗粒的直径足够大时（$S/d_\mathrm{s}>5$），P_i 的取值范围为[0, 1]，该范围能准确地反映漂浮颗粒与茎杆的碰撞频率。区别于 Peruzzo 等[124]的观点——漂浮颗粒碰撞概率与挺水植被阵列密度无关，本书在实验结果的基础上认为

碰撞概率 P_i 与植被分布密度呈正相关，尤其是对于较大的植被密度，这一规律也直观地反映在式（4.15）中。

4.3　统计学模型——俘获概率

在漂浮颗粒与植被茎杆发生碰撞之后，漂浮颗粒输运进入俘获阶段，漂浮颗粒可能会被俘获，或者在水流拖曳力和惯性离心力的作用下脱离茎杆的俘获逃逸到自由水流中。本章中采用的漂浮颗粒相较于相邻茎杆之间的距离足够小，因此，几何捕获事件——由于茎杆之间距离小于漂浮颗粒直径而发生的拦截事件[14]，可以被忽略。当水流拖曳力与惯性离心力接近或大于茎杆与漂浮颗粒之间的毛细作用力时，漂浮颗粒可能会脱离茎杆的俘获。在上一节中已经说明拖曳力和惯性离心力分别于水流速度及其平方呈正相关关系。这里将漂浮颗粒在碰撞后为植被茎杆所永久俘获的概率定义为 P_c。鉴于此，U_{le} 被定义为下临界逃逸速度，也就是说在低于该速度的流速条件下，漂浮颗粒会保持俘获状态，即 $P_c(U_b < U_{le}) \to 1.0$。另外，$U_{ue}$ 被定义为上临界逃逸速度，即在高于该速度的流速条件下，漂浮颗粒必然会脱离茎杆俘获从而漂流到自由水流中，即 $P_c(U_b > U_{ue}) \to 0$，这里 P_c 被认为是随机变量（U_b）的函数。为了进一步便于分析，我们以下临界逃逸速度 U_{le} 将水流速度归一化，同时引入无量纲变量 $w = U_b / U_{le}$ 以评估永久俘获概率。因此，概率 P_c 在永久俘获事件可能发生的水流速度区间 $U_{le} < U_b < U_{ue}$ 可以被描述为

$$P_c = P(U_{le} < U_b < U_{ue}) = \int_0^w f(w)\mathrm{d}w \tag{4.16}$$

式中：$f(w)$ 为以 w 为自变量的概率密度函数。除水流速度这一外部因素外，P_c 还与漂浮颗粒及植被茎杆的物理特征有关。这里引入韦伯分布以描述永久俘获概率，下面就这一分布模型进行介绍与验证。鉴于上述假设，$f(w)$ 可以被描述为

$$f(w) = \xi_1 \xi_2 w^{\xi_1 - 1} \mathrm{e}^{-\xi_1 w^{\xi_2}}, \quad w, \xi_1, \xi_2 > 0 \tag{4.17}$$

式中：e 为自然常数；ξ_1 与 ξ_2 分别为分布函数的尺度参数与形状参数，两者均与挺水植被密度及漂浮颗粒的物理特征相关，进而永久俘获概率 $P_c(w)\ (0 < w < 1)$ 可以表述为

$$P_c(w) = \int_0^w \xi_1 \xi_2 w^{\xi_1 - 1} \mathrm{e}^{-\xi_1 w^{\xi_2}} \mathrm{d}w = 1 - \mathrm{e}^{-\xi_1 w^{\xi_2}} \tag{4.18}$$

这里在置信水平为 $1 - \alpha_0 = 0.95$ 条件下确定统计模型的置信上限和下限，并在水槽实验的基础上对模型的有效性和合理性进行分析和讨论。于是，式（4.18）可被拆分为

$$P_c(w < 1) = 1 - \mathrm{e}^{-\xi_1} = 0.95 \tag{4.19}$$

$$P_c(U_{ue} / U_{le} < w) = \mathrm{e}^{-\xi_1 (U_{ue}/U_{le})^{\xi_2}} = 0.95 \tag{4.20}$$

式（4.19）表示，对于水流条件 $U_b < U_{le}$，漂浮颗粒俘获概率大于 0.95；对于水流条件 $U_b > U_{ue}$，漂浮颗粒俘获概率小于 0.95。由式（4.20）可知，$\xi_1 = 2.99$，ξ_2 为封闭统计模型首要确定的值。在 3.4 节所建立的尺度模型框架下，漂浮颗粒团在挺水植被阵列中

进行散播，任一漂浮颗粒散播距离 X 大于距离变量 L 的概率可以被描述为

$$P(X > L) = (1 - P_i P_c)^{n_1} \tag{4.21}$$

式中：n_1 为漂浮颗粒在被永久俘获前所穿过的路径片段（长度为 S_1）数量。假定漂浮颗粒在每个片段路径中的碰撞概率及永久俘获概率都是等同的，且与上一片段路径中的运动状态（是否发生碰撞事件）无关，可假设 $P(X > L)$ 服从指数分布。鉴于此，式（4.21）可被改写为

$$P(X > L) = \mathrm{e}^{-L/\lambda} \tag{4.22}$$

式中：$\lambda = -S_1 / \ln(1 - P_i P_c)$ 为漂浮颗粒在植被阵列中被永久俘获前的平均输运距离。由于 P_c 为一相当小的数值，平均输运距离 λ 可近似为

$$\lambda = -S_1 / [P_i \ln(1 - P_c)] \tag{4.23}$$

将式（4.23）代入式（4.22），λ 可进一步表述为

$$\lambda = -SS_1 / [2r_0 \ln(1 - P_c)] \tag{4.24}$$

注意到 SS_1 恰好为植被茎杆密度的倒数，$SS_1 = 1/n_s$。因此，式（4.24）可以进一步地被写为

$$\lambda n_s = -1/[2r_0 \ln(1 - P_c)] \tag{4.25}$$

由式（4.25）可知，P_c 并不单独地取决于植被阵列参数 S 或 S_1，还与植被密度相关。这一结果也说明上述模型与均匀分布植被茎杆的布置方式无关，在不同布置方式下 $SS_1 = 1/n_s$ 均可成立。在之前的一些实验研究中均认为植被密度与相应的漂浮颗粒的输运距离之间存在反比关系，因而，式（4.18）可改写为

$$P_c = 1 - \exp(-R_c / r_0) \tag{4.26}$$

式中：$R_c = -1/(2\lambda n_s)$ 为一常数变量。对于特定的水流速度，R_c 的取值对于不同的植被茎杆与漂浮颗粒组合有明显的差异，其与含挺水植被明渠水流中漂浮颗粒输运能力评价参数之间的关系可表述为

$$R_c R_0 = \pi d_s^2 / 8 \tag{4.27}$$

这也意味着 R_c 取决于漂浮颗粒与植被茎杆的物理特征参数，并与漂浮颗粒输运能力成反比。由式（4.26）可知，当相邻茎杆之间的交互作用可以忽略时，对于特定的漂浮种子颗粒，P_c 仅仅取决于茎杆后尾流区域的水力特性，可近似认为 P_c 与植被密度无关。这一结论与 Peruzzo 等[124]及 Defina 和 Peruzzo[128]的假设是相符合的，同时与 3.5 节中漂浮颗粒解俘获动力学过程的结论是相一致的。对比式（4.26）与式（4.18）可以发现 ξ_2 与常数变量 R_c 是存在直接联系的，这两个变量都受茎杆与漂浮颗粒的物理特征的影响。结合 3.5 节中对被俘获漂浮种子解俘获动力学过程的分析，ξ_2 可以被描述为三个关于漂浮颗粒无量纲参数的函数：

$$\xi_2 = f(\delta_v, \rho_0, d_r) \tag{4.28}$$

4.4 实 验 分 析

实验工况设计及主要参数见表 3.31，颗粒运动轨迹的提取通过视频分析软件 Image-Pro Plus，以及基于帧间差分法和背景差分检测的 MATLAB 自编程序完成。考虑到水槽边壁附近流态对漂浮颗粒运动的影响，处于近边壁 10 cm 内的颗粒运动轨迹被剔除。通过图像预处理和数字分析，主要确定以下参数：

（1）漂浮颗粒永久俘获事件次数，N_c；

（2）漂浮颗粒临时俘获事件次数，N_i；

（3）漂浮颗粒被永久俘获前的输运距离，L。

根据 3.4 节中的定义，漂浮颗粒在植被茎杆阵列中穿行时，潜在的碰撞事件发生次数与路径片段数相等，则潜在碰撞次数可以被估算为

$$N_t = 1 + X / S_1 \tag{4.29}$$

因而，通过实验测量的 P_i 和 P_c 可以被分别估算为

$$\begin{cases} P_i = (N_i + N_c) / N_t \\ P_c = N_c / (N_i + N_c) \end{cases} \tag{4.30}$$

4.5 结论与讨论

本章结合运动学模型与统计学模型以描述漂浮种子在含刚性挺水植被低流速明渠水流中的输运过程，其中，运动学模型在作用力分析的基础上尝试去讨论漂浮颗粒在碰撞阶段中漂浮颗粒与茎杆之间的交互作用。植被茎杆的存在导致茎杆周围的表面流场呈现出空间不均匀性，这种不均匀性会对漂浮颗粒的运动产生一定影响，但是在流速较低的条件下，这种影响相对较弱，同时水流紊动对漂浮颗粒扩散的影响几乎可以忽略。结合测量的漂浮颗粒物理特征参数（表 4.1），本章利用 4.2.2 小节中对漂浮颗粒碰撞概率的模型[式（4.15）]对漂浮颗粒与植被茎杆的碰撞过程进行模拟，并将模拟值与水槽实验所得的漂浮颗粒运动轨迹提取的实测值[式（4.21）]进行对比。如图 4.4 所示，整体平均相对误差（$\text{err}\% = |P_i(\text{com}) - P_i(\text{mea})| / P_i(\text{mea})$）分别为 6.89%（木球颗粒）、10.20%（菖蒲种子），模拟结果整体上是令人满意的。

在俘获阶段，决定漂浮颗粒与茎杆之间俘获及解俘获机制的主要影响因素被考虑进一个基于双参数韦伯分布的统计学模型中。该模型中的参数被认为是这些主要影响因素的函数，为将此模型付诸实际应用，首要的任务是验证该模型的合理性与准确度。经实验可得，茎杆所永久俘获概率和水流速度的关系的统计模型预测值与实验测得数据的比较分别如图 4.5 和图 4.6 所示（以菖蒲种子与木球颗粒为例）。漂浮颗粒永久俘获概率与水流速度呈负相关，植被分布密度的变化对其取值的影响并不明显，但模拟结果与实测数据对比结果整体上是令人满意的，可以认为该模型模拟效果较好。为了进一步地对模型进

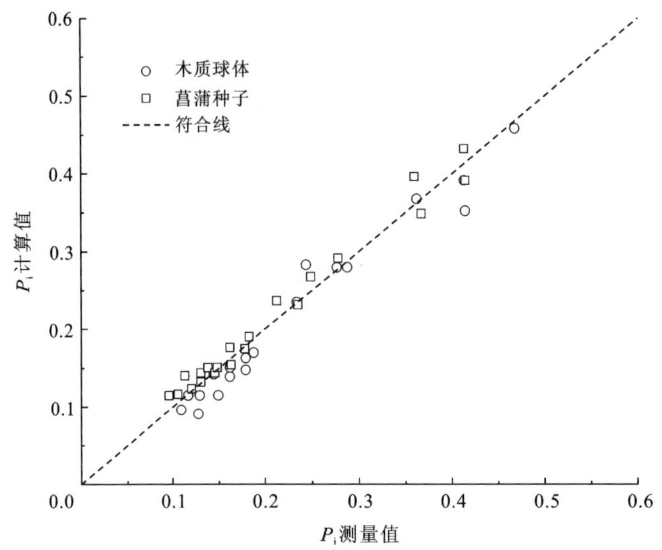

图 4.4　两种漂浮颗粒与植被茎杆间碰撞概率 P_i 的模拟值与计算值对比

行分析及验证，这里引用 Peruzzo 等[123-124]的实验研究成果。Peruzzo 等[129]在两种不同尺寸的水槽中进行漂浮颗粒输运实验，较大尺寸的水槽长度和宽度分别为 13 m 和 1.2 m，较小尺寸的水槽的长度和宽度分别为 0.4 m 和 2.8m。用于模拟漂浮种子的颗粒为直径和高度均为 0.3 cm 的木质圆柱体，相对密度为 0.70，用于模拟刚性植被的是直径为 0.6 cm 的木质圆柱体。实验过程中，他们使用 200 枚漂浮颗粒在密度为 n_s=968 m^{-2} 的植被阵列中进行散播实验，以研究水流速度与模型参数之间的变化规律，同时使用来自 Defina 和 Peruzzo[124, 128]所提出的统计模型中的 9 组 (P_c,U_b) 数据对比分析。

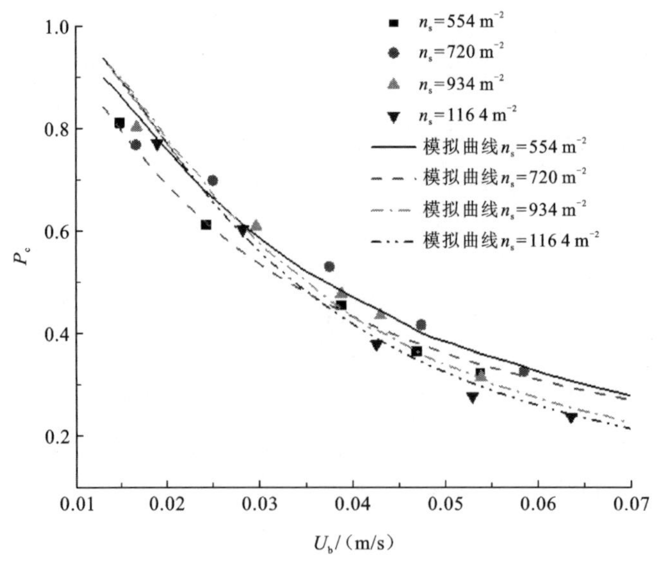

图 4.5　不同植被分布密度工况下菖蒲种子永久俘获概率和水流速度模型关系与实验数据对比（拟合确定系数 $R^2=0.972$）

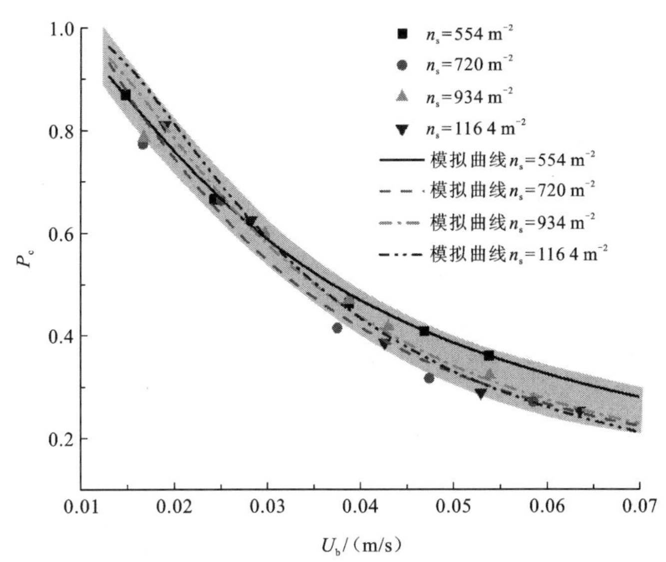

图 4.6　不同植被分布密度工况下木球颗粒永久俘获概率和水流速度模型关系与实验数据对比（拟合确定系数 $R^2 = 0.991$）

Peruzzo 等[123]进行了进一步的试验研究，在两条长宽分别为 4.5 m、0.75 m 及 5.5 m、0.1 m 的长直水槽中进行低流速条件下漂浮颗粒输运实验。大部分实验工况中漂浮种子一部分由聚苯乙烯球形颗粒进行模拟，颗粒直径在 0.2～0.72 cm，另一部分由胡桃木材质的圆柱体进行模拟，颗粒长度在 0.2～2.0 cm。对于每组特定的漂浮颗粒与茎杆测试组合，通过调节来流流量以形成不同的流速实验工况，同时统计每种工况下永久俘获事件发生的次数，以获得不同形状和尺寸的漂浮颗粒 (P_c,U_b) 数据组。

对于源自本章实验及其他文献实验的数据组 (P_c,U_b)，尝试使用修正的试错法以标定模型参数 ξ_2。具体步骤如下：首先给定一个 ξ_2 初始值，并在实验数据对 (P_c,U_b) 的基础上，通过最小二乘法对式（4.18）进行拟合，求得下逃逸速度 U_{le}，然后利用求得的 U_{le} 将 U_b 换算为变量 k，最后利用非线性拟合求得 ξ_2，不断重复上述过程，直至获得最优解，最后通过式（4.19）求得上逃逸速度 U_{ue}。对于漂浮在水面上的种子颗粒，无量纲参数 $(\delta-\rho_0)$ 可以反映漂浮颗粒的表面特征和物理特性对作用于其上的毛细力的影响。此外，漂浮颗粒的密度和形状也能直接影响其与茎杆之间的作用机制，如 4.1 节中对作用在漂浮颗粒上的作用效果的分析。这里我们引入无量纲参数 ρ_0 与 d_r 以评估俘获概率与水流速度之间的变化趋势，即模型中最为重要的参数 ξ_2。如图 4.7 所示，不同漂浮颗粒的 ξ_2 值作为 d_r 的函数伴随不同相对密度时的变化规律，数据来源于本章实验及其他文献，方框中的数值为漂浮颗粒的相对密度。对于轻质漂浮颗粒（相对密度很小，$\rho_0 = 0.035$），其淹没度很小且与液面交接的湿周周长较小，相应的毛细作用力远远小于中质漂浮颗粒（相对密度较大，$\rho_0 = 0.55 \sim 0.71$），因而其永久俘获概率随水流速度增大而衰减的速度会更快。另外，对于确定密度的漂浮颗粒，其衰减速度会随着颗粒直径增大而急剧增加，这

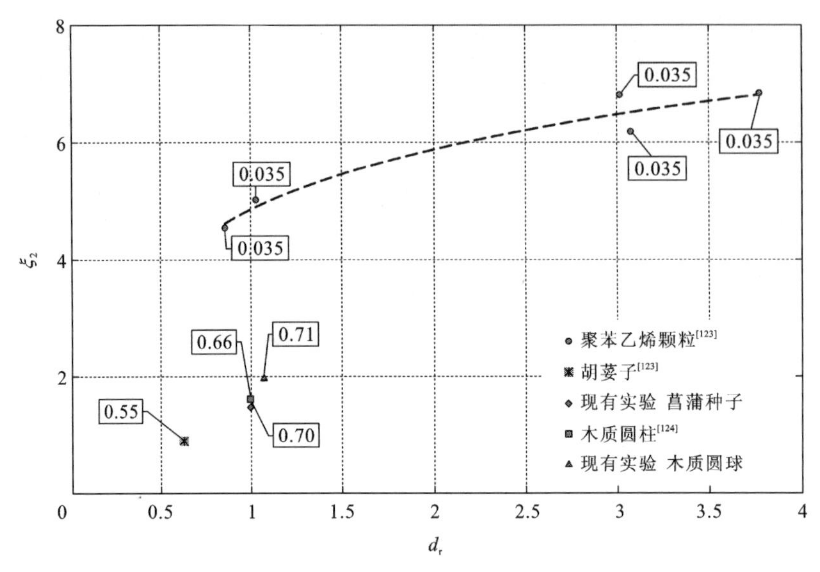

图 4.7 本章实验及其他实验数据中不同漂浮颗粒的ξ_2值作为 d_r 的函数伴随不同相对密度时的变化规律

与式（4.22）给出的解俘获动力学过程评价参数是相符合。图 4.8 反映的是参数ξ_2与直接反映毛细作用力的接触角和弧液面填充角之间的变化规律。如图 4.8 所示，随着参数$\sin(\alpha_p+\varphi_p)\sin\varphi_s\sin\varphi_p$增加，$\xi_2$以对数函数的形式下降。更大值的$\sin(\alpha_p+\varphi_p)\sin\varphi_s\sin\varphi_p$意味着漂浮颗粒与茎杆之间更强的毛细联结作用，与此同时，随着水流速度的增加，漂

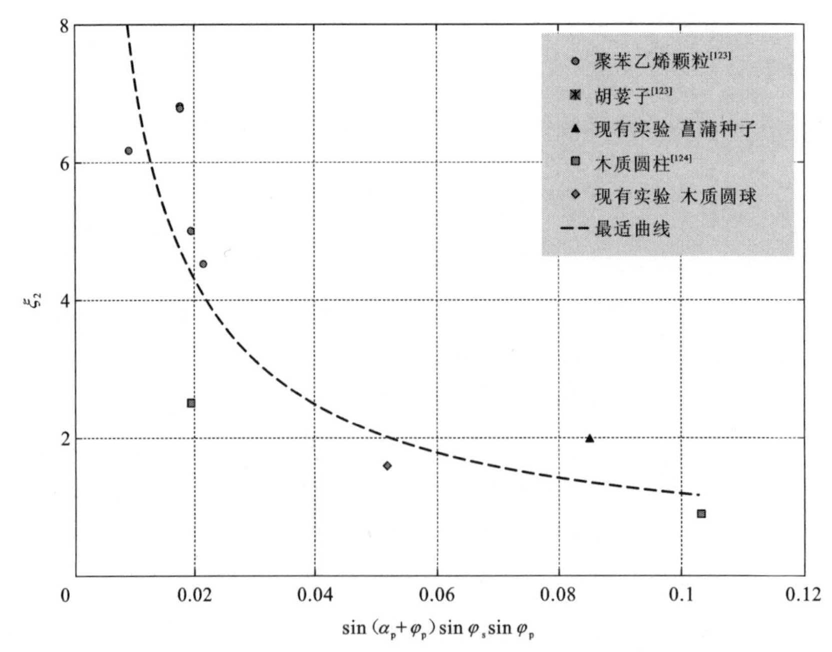

图 4.8 基于本章实验数据及引用文献数据所得模型参数ξ_2与特征参数 $\sin(\alpha_p+\varphi_p)\sin\varphi_s\sin\varphi_p$ 之间的变化关系

浮颗粒永久俘获概率会以更小的速度衰减。此外，当 d_r 值大到一定程度时，颗粒相对于茎杆后尾流区域是微小的，随着水流速度的增加，微小的漂浮颗粒更倾向于向尾流区域自由剪切层的边缘运动，因而碰撞后的漂浮颗粒有更多的可能性从尾流区域逃离到自由水流中。正如 4.3 节中所分析的，漂浮颗粒避免永久俘获的上临界水流速度可以通过式（4.19）确定，该式反映了漂浮颗粒克服毛细作用力继续向下游散播的能力。图 4.9 表示的是漂浮颗粒必然和不必然永久俘获的临界水流速度与参数 ξ_2 之间的变化关系，图中 U_{le} 与 ξ_2 呈现显著的线性递增关系，可以用如下的经验公式表示：

$$U_{le} = 0.0136\xi_2 + 0.0426 \tag{4.31}$$

确定系数 R^2=0.905。

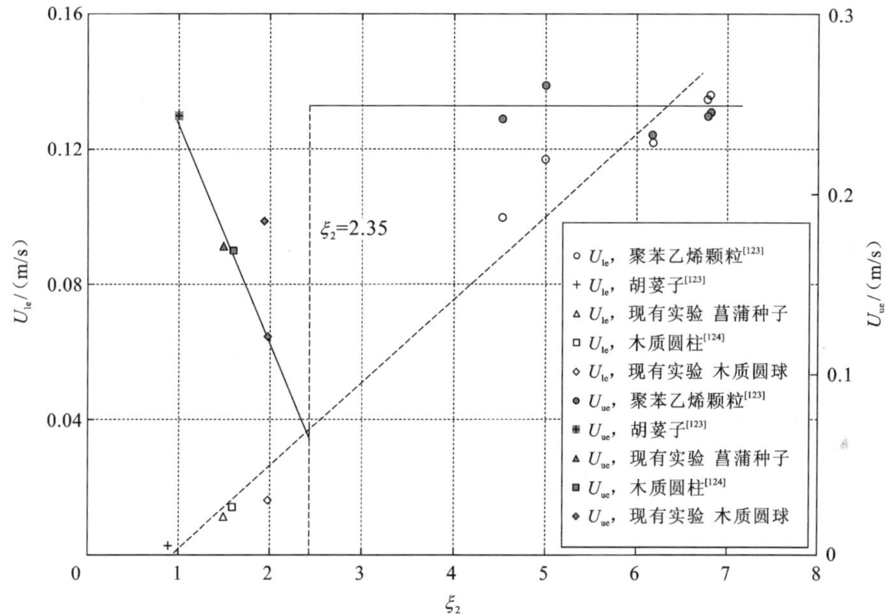

图 4.9　基于本章实验数据及引用文献数据所获得逃逸速度 U_{le} 和 U_{ue} 与模型参数之间的变化关系

U_{ue} 与 ξ_2 之间的变化趋势大致上可以分为两部分，同时 U_{ue} 必然要大于 U_{le}。基于该条件，将 $\xi_2 = 2.35$（此时有 $U_{le} = U_{ue}$）取为划分两个阶段的阈值，当 $\xi_2 \leqslant 2.35$ 时，U_{ue} 与 ξ_2 之间呈现显著的线性递减关系；当 $\xi_2 > 2.35$ 时，U_{ue} 可近似保持为一常数。故而用一个分段函数来表示 U_{ue} 随 ξ_2（变化范围为 0~8）的变化关系函数：

$$U_{ue} = \begin{cases} -0.1249\xi_2 + 0.3683, & 0 < \xi_2 \leqslant 2.35 \\ 0.2445, & 2.35 < \xi_2 \end{cases} \tag{4.32}$$

第 5 章　高流速条件下漂浮种子动力学输运过程

许多水生植物的种子具备在水面上漂浮的能力，这也意味着种子可以借助水流以强化其输运能力。一些模型在真实或模拟种子的散播数据的基础上利用经验性或半经验性的核函数扩散模型去预测漂浮种子的输运过程。扩散核函数可以描述单个种子自扩散源到定植点（沉积位置）的距离的可能性，用经验性的方法可以给出适合的扩散核函数的数学形式，以预报草本植物及其群落的分布[131]。例如，半经验的高斯烟羽模型，即在传统水动力学模型的框架下，将基本的水力参数（如断面平均流速、水力几何参数）作为主要影响因子考虑进扩散模型中[132]。

在实际模拟漂浮种子输运的过程中，大部分的漂浮颗粒沉积在释放点附近，仅仅少部分种子可以输运到较远距离处，这一结果也证实了水媒传播过程中长距离和短距离输运模式之间的区别。种子的水媒输运模式与漂浮种子颗粒的漂浮能力及输运水道的水力特征密切相关，这与风媒扩散研究中存在的问题也是类似的。另一个导致水媒传播中短距离和长距离输运模式的区分是水道中挺水植被的俘获和滞留效应。漂浮种子可能短期或长期地为挺水植被所俘获，这一机制已经开始在更为有效的数学模型中被重视起来。这些早前的研究焦点均在于考量低流速条件下漂浮种子与挺水植被之间以毛细作用力为主导的交互过程，然而当水流速度增加到一定程度时，漂浮颗粒与挺水植被之间的毛细作用在其输运过程中的主导作用会降低到可以忽略，与 4.2 节类似。这里引入韦伯数 We_b 以衡量毛细作用在漂浮颗粒与茎杆之间相互作用中的比重。对于漂浮颗粒在远大于其体积的水体中输运的小尺度问题，当 $We_b>1.0$ 时，水的表面张力（毛细作用）的影响是可以忽略的，此时由于表面张力而产生的永久俘获事件或长时间临时俘获事件将不再发生。在中到高流速条件下，漂浮颗粒的输运过程及颗粒与茎杆之间的交互作用很少被考虑进扩散模型，尽管它们对于漂浮种子颗粒的长距离散播过程具有显著的影响。本章的主要任务是在理论分析和水槽实验研究的基础上填补这一研究空隙，主要的研究内容为高速水流条件下漂浮颗粒与植被茎杆的交互作用，且为非毛细作用诱发的碰撞及滞留事件。在流速较大的条件下，漂浮颗粒在挺水植被茎杆阵列中的运动轨迹有如下特点。

（1）当漂浮颗粒直径明显小于相邻植被茎杆之间的距离时，在所谓阻塞效应（blockage effect）（这一概念首次由 Maskell[133]提出）的作用下漂浮颗粒在茎杆间隙的输运速度要明显大于断面平均流速。

（2）由于植被茎杆存在的尾流及机械离散作用，漂浮颗粒在靠近茎杆时，其输运轨迹会扭曲且偏离自由流线。

（3）当漂浮颗粒与茎杆发生碰撞时，可能会回弹或者为茎杆后尾流区域所临时俘获以改变其运动路径。

本章中，上述机制构成了漂浮颗粒在均匀分布的刚性植被阵列中离散的作用机理，主要的创新点为建立了一个半经验性的运动模型以估计漂浮颗粒与植被茎杆的碰撞概率，同时在尾流理论的基础上建立了单个碰撞事件下的滞留时间模型。此外，本章还在经典的挺水植被间阻塞效应的基础上建立了一个计算漂浮颗粒在高速流动的含挺水植被明渠水流中的纵向离散系数，并以此来描述漂浮种子团在运动足够长时间后的空间分布。同时，注意到，漂浮种子在高速流动且含挺水植被的水流中的扩散机制有别于相对发展成熟的溶质粒子（如化学污染物、生物激素等）及悬浮微小颗粒（细颗粒泥沙）。区别主要在于表面效应（surface effect），即发生自由水面的动力学过程，如风力作用、表面张力作用，以及体积效应（volume effect），即颗粒惯性作用、在靠近植被茎杆时作用在漂浮颗粒上不均匀的横向拖曳力及压强差而导致的横向偏移作用。不同于细小的悬浮颗粒，体积效应对于体积与植被茎杆在同一量级的漂浮种子是不可忽略的。由于体积效应和表面效应的存在，漂浮颗粒的密度及与植被茎杆之间的尺度量级将会是影响其输运规律的主要因素。

5.1 理论模型

本章主要研究高流速水流、茎杆与漂浮颗粒之间的交互作用，同时假设其输运过程是在恒定水流中进行的，且在表面不受风应力及波浪作用。实验模型中挺水植被茎杆均匀地布置在长直水槽中，所有分析过程均在 3.4 节中所建立的尺度模型中开展。

5.1.1 纵向离散过程

漂浮颗粒在含挺水植被明渠水流中的离散过程是各向异性的，且由两个不同的作用机制构成，即尾流离散和机械离散。如图 5.1 所示，两个漂浮颗粒（A 和 B）自相同的位置沿着不同的轨迹进行输运，在相同的时间内其纵向位移可能不同。按 4.3 节所述定义，漂浮颗粒沿着水流方向在每个位移片段 S_1 内与植被茎杆相碰撞的效率为 η（与第 4 章所述略作区分），为漂浮颗粒与植被茎杆相碰撞的最外层轨迹的宽度与相邻茎杆之间的距离之比。

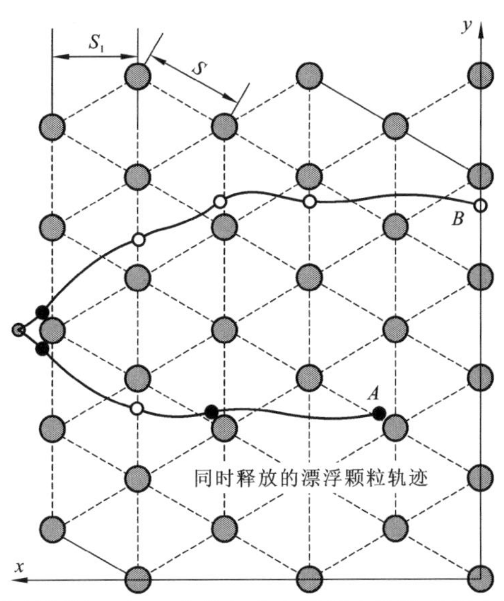

图 5.1　由相同位置出发的颗粒 A 与 B 在均匀分布的挺水植被茎杆中的迁移轨迹（俯视图）

水流自左向右

在碰撞事件发生后，漂浮颗粒会进入近尾流区域并在该区域滞留一段时间，随即进入中尾流区域，其中滞留时间τ_0定义为单个独立的碰撞事件及在尾流区域滞留的时间。定义N_t为在目标植被区域内的漂浮颗粒所经历的位移片段数量，N_i为经历N_t个位移片段后所发生的碰撞次数，则植被区域的总长度为N_tS_1，整个研究区间内所经历的总的滞留时间为$\tau_r = \tau_0 N_i$。将τ_r的概率分布函数记为$q(\tau_r)$，当漂浮颗粒穿过长度为$N_t S_1$的植被茎杆阵列时，其概率分布函数可表示为

$$q(\tau_r) = C_0 \tau_0 \eta^{N_i} (1-\eta)^{N_t - N_i} \tag{5.1}$$

式中：C_0为二项分布参数；τ_r的概率分布是在二项分布的基础上建立的，其输运时间方差为$\sigma_t^2 = \tau_0^2 N_t \eta(1-\eta)$。

一组数量足够多的漂浮颗粒团在同一位置释放，该颗粒团在经历纵向离散过程的总时间为

$$t_m = \frac{N_t S_1}{U_p} + N_t \eta \tau_0 \tag{5.2}$$

式中：U_p为漂浮颗粒在茎杆阵列中的输运速度；$\frac{N_t S_1}{U_p}$为未经历碰撞事件所需时间；$N_t\eta\tau_0$为经历碰撞事件所花费的额外时间。

因而，颗粒团的纵向位移方差可以估计为

$$\sigma_l^2 = U_p^2 \sigma_t^2 = U_p^2 \tau_0^2 N_t \eta(1-\eta) \tag{5.3}$$

在经历足够长的时间后，根据中心极限定理，颗粒团的纵向离散过程将收敛为菲克扩散（Fickian diffusion）过程，因此颗粒团的纵向位移方差随时间（t_m）线性增加。在上述假设条件的支持下，颗粒团在含挺水植被明渠水流中的纵向离散系数可以由$\sigma_l^2 = 2D_l t_m$推导而来[134]，即

$$D_l = \frac{\sigma_l^2}{2t_m} = \frac{U_p^3 \tau_0^2 \eta(1-\eta)}{2(S_1 + \eta \tau_0 U_p)} \tag{5.4}$$

依式（5.4），要建立D_l的估算模型，参数τ_0、η及与之相关的断面平均流速U_b和漂浮颗粒输运速度需首先被确定。量纲分析是用来确定所有可影响目标值的变量的最具效率的推导方法之一[135]，本节使用量纲分析探索τ_0和η能多大程度上影响目标值，这一分析过程对后续研究具有一定的指导意义。对其输运过程中一些能影响滞留时间的事实可信的因素进行参数提取，如颗粒惯性、漂浮能力及茎杆后尾流区域尺寸，因此确定影响漂浮颗粒滞留时间τ_0的变量可表示为以下形式：

$$\tau_0 = f_1(U_b, a_p, a_s, L_w, \rho_p, \rho_w) \tag{5.5}$$

式中：一共有 6 个基础变量，含有 3 个基本量纲；$f_1(\ )$为一待确定函数形式；L_w为尾流区域的长度尺度；同时考虑U_b，可用于形成特征滞留时间尺度。在进行分析的过程中引入两个无量纲量$a_r = a_p / a_s$及$\rho_0 = \rho_p / \rho_w$，利用白金汉 π 理论，可将上述变量构成的函数缩减为如下变量关系表达式：

$$\tau_0 \propto a_r^{m_1} \rho_0^{m_2} L_w / U_b \tag{5.6}$$

式中：m_1 与 m_2 是无法通过量纲分析得到的，同时，茎杆后的尾流区域的长度尺度可以通过进一步分析尾流产生的过程而表示为 $L_{\mathrm{w}} \sim a_{\mathrm{s}} C_{\mathrm{ds}}$。$C_{\mathrm{ds}}$ 为茎杆的平均拖曳力系数，于是式（5.6）可以进一步地写为

$$\tau_0 \propto C_{\mathrm{ds}} a_{\mathrm{r}}^{m_1} \rho_0^{m_2} a_{\mathrm{s}} / U_{\mathrm{b}} \tag{5.7}$$

相较于滞留时间较为明确的动力学过程，我们对碰撞效率的作用过程并不十分了解，不过至少在 4.3 节给出的定义中，碰撞效率取决于相邻茎杆元素之间的距离及漂浮颗粒的尺寸，这里仅从长度量纲上给出一个关系式：

$$\eta \propto 2a_{\mathrm{p}} / (S_1 - a_{\mathrm{s}}) \tag{5.8}$$

以上量纲分析的过程给出了大致的变量关系，事实上，漂浮颗粒、挺水茎杆与水流之间具有耦合性的交互作用是十分复杂的且存在不确定性，因而下面在有限认知的基础上利用半经验的方法来确定参数 τ_0 与 η，并利用式（5.4）求解漂浮颗粒团在含挺水植被明渠水流中输运的纵向离散系数 D_1。

5.1.2　惯性碰撞模型

正如 4.2 节所述，在低雷诺数条件下，碰撞效率主要取决于由漂浮颗粒与植被茎杆之间的毛细作用引起的指向茎杆的加速行为，然而随着水流速度的增加，漂浮颗粒惯性作用的影响将会在碰撞事件中起主导作用。植被茎杆的存在会减少水流的过水面积，增加茎杆之间的水流速度，并降低茎杆背水面的水流速度，导致空间上的流场分布不均匀[59]。茎杆周围的流线因为围绕其弯曲和分叉而变得迂曲，自上游而来的漂浮颗粒在接近茎杆的过程中会有一个横向加速的过程，由于惯性的作用，漂浮颗粒与附有横向速度的流体质点之间有一个横向速度差。在惯性作用主导下，本应与茎杆相碰撞的漂浮颗粒受到横向加速度过程的影响未能与茎杆碰撞，将这样事件的发生频率称为偏离效应。Britter 等[136]在实验中测量了圆柱体周围的湍流强度和流线特征，并讨论了其相对于上游无障碍物区域发生变化的过程。从该分析中可认为自由流线在距离圆柱体约 $5a_{\mathrm{s}}$ 的区域内存在明显的变形现象，漂浮颗粒与流体粒子之间被认为存在横向速度差以导致其因为偏离效应而未与茎杆相碰撞。因此，在本章中，用一个以茎杆中心为圆心、半径为 $5a_{\mathrm{s}}$ 的圆形区域描述存在偏离效应作用区域（图 5.2），图 5.2 中 B 为可与茎杆发生碰撞的最外层轨迹的宽度，路径 I 和路径 II 表示两种可发生碰撞事件的极限路径。

如图 5.2 所示，l_{r} 和 l_{d} 分别被定义为直接碰撞及偏移效应的横向长度。在笛卡儿坐标系下自漂浮颗粒初始进入一个独立茎杆的偏移效应区域开始，为便于计算定义变量 $\xi = y - (l_{\mathrm{r}} - l_{\mathrm{d}})$，建立一个动力学模型以估算漂浮颗粒的横向偏移量。本章中考虑的流场范围为茎杆迎水面一侧，在流动未发生分离或在分离点之前，理想有势绕流流动可以作为其良好的近似。在均匀来流（U_{b}）条件下，依据势流理论求得笛卡儿坐标系下横向流速分布函数为

$$U_{\mathrm{ya}} = 2U_{\mathrm{b}} x y a_{\mathrm{s}}^2 / (x^2 + y^2)^2 \tag{5.9}$$

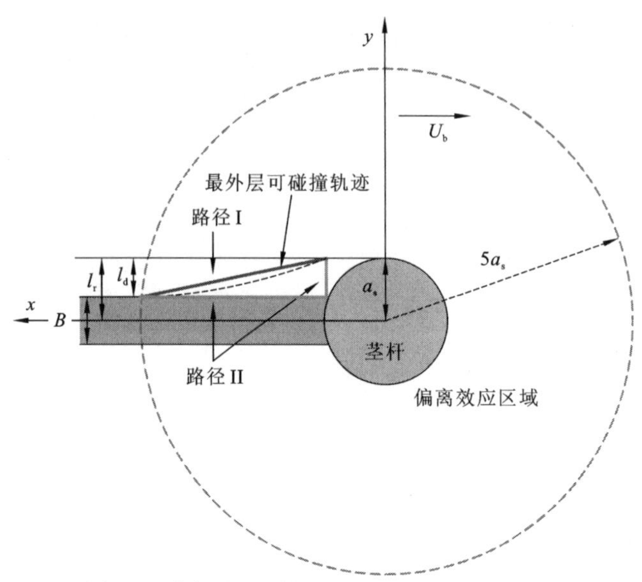

图 5.2　半径为 $5a_s$ 的圆形区域为偏离效应区域

以最外层可碰撞的漂浮颗粒的轨迹而言（图 5.2），路径 I 表示漂浮颗粒以最短的路径与茎杆相碰撞，同时在此轨迹下，漂浮颗粒会经历最小的横向加速过程；路径 II 表示颗粒以最长的路径与茎杆相碰撞，同时在此轨迹下，漂浮颗粒会经历最大的横向加速过程。漂浮颗粒真实的最外层可碰撞轨迹所经历的横向加速过程介于两者之间，且为两种极限轨迹条件下的加权值。因此，提出一个以 ξ 为变量的幂律函数形式以描述该过程中的横向流速：

$$U_{ya} = k_1 U_b (\xi / a_s)^{k_2} \tag{5.10}$$

式中：k_1 与 k_2 分别为尺度及形状系数，同时 k_2 随不同的向下游漂流的轨迹而变化。如图 5.3 所示，三条虚线（k_2=0.6, 1, 2）表示不同的潜在漂浮颗粒运动轨迹所对应的横向速度曲线。显而易见地，更大值的 k_2 意味着最外层的可碰撞轨迹将会更接近极限路径 II，较小值的 k_2 意味着其更接近极限路径 I。

这里首先考虑量化漂浮颗粒的惯性作用，类似于气溶胶及水溶胶中，描述悬浮粒子的惯性作用所取的停止距离。考虑一个球形的漂浮颗粒漂流在速度为 v_0 的自由水面上，假设水流速度突然降为零，此时漂浮颗粒在周围流体的黏性拖曳力作用下其速度（v_p）逐渐降为零，其任意时间的运动平衡方程为

$$m_p \mathrm{d}v_p / \mathrm{d}t = -6\pi\mu\delta_a v_p a_p \tag{5.11}$$

式中：δ_a 为迎流向面积淹没度，等于迎流向淹没部分与整体投影面积之比；$m_p = \pi d_p^3 \rho_p / 6$ 且 $\mathrm{d}t = d_s / v_p$。因而，式（5.11）可以简化为

$$d_s = \frac{2a_p^2 \rho_p}{9\mu\delta_a} \mathrm{d}v_p \tag{5.12}$$

将式（5.12）自运动速度为 v_0 减速到速度为 0 的过程进行积分，且假设初始流速时的位移为 $s = 0$，则其停止距离为

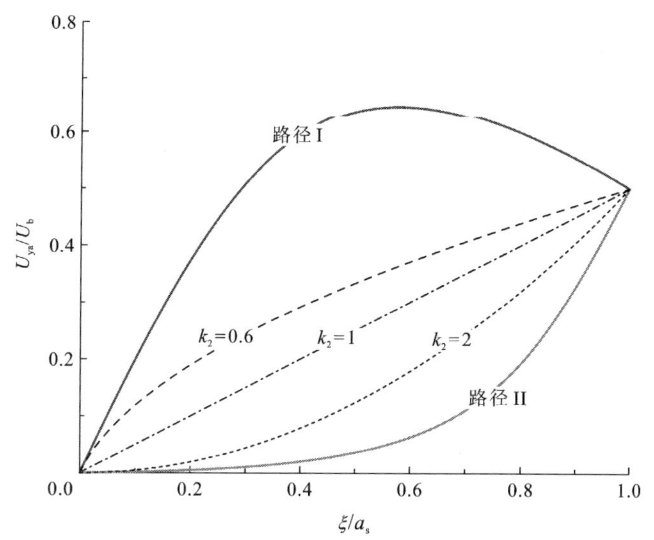

图 5.3　与茎杆相碰撞的极限路径 I 和 II 所经历的横向速度，以及三个潜在的碰撞轨迹（相应的 k_2=0.6，1，2）

$$s_p = \frac{2a_p^2 \rho_p v_0}{9\mu\delta_a} \tag{5.13}$$

为了更方便地将停止距离考虑进漂浮颗粒与茎杆之间的碰撞过程，引入无量纲停止距离 S_{tf}，即斯托克斯停止距离与茎杆直径之间的比值为

$$S_{tf} = a_r^2 \rho_r R_d / 9\delta_a \tag{5.14}$$

用一个在笛卡儿坐标系下建立的经典运动学方程来评估漂浮颗粒在逐渐接近茎杆时的偏移效应：

$$\begin{cases} m_p \dfrac{d^2\xi}{dt^2} = \dfrac{1}{2}\rho_w A_p C_{dp} U_{ys}^2 \\ m_p \dfrac{d^2 x}{dt^2} = \dfrac{1}{2}\rho_w A_p C_{dp} U_{xs}^2 \end{cases} \tag{5.15}$$

式中：U_{ys} 与 U_{xs} 分别漂浮颗粒与水流之间滑移速度沿 y 与 x 方向的分量；C_{dp} 为漂浮颗粒的拖曳力系数。在考虑漂浮颗粒缓慢靠近茎杆时的可碰撞最外层迹线轨迹时，由于运动距离很短且考虑到颗粒惯性作用，可认为其 x 方向的滑移速度为零，即 $U_{xs} \approx 0$。同时，在自进入到偏移效应区域后直到碰撞期间，其 y 方向的滑移可认为等于茎杆迎水面附近的横向流速，即 $U_{ys} \approx U_{ya}$。将式（5.10）代入式（5.15），可将式（5.15）化简为

$$\begin{cases} m_p \dfrac{d^2\xi}{dt^2} = \dfrac{3\delta_a}{8a_p}\dfrac{\rho_w}{\rho_p} C_{dp} U_b^2 k_1^2 \left(\dfrac{\xi}{a_s}\right)^{2k_2} \\ m_p \dfrac{d^2 x}{dt^2} = \dfrac{1}{2}\rho_w A_p C_{dp} U_{xs}^2 \end{cases} \tag{5.16}$$

同时注意到，当漂浮颗粒漂浮在水面时，其颗粒比重可以近似理解为其体积淹没度，$\delta_v = \rho_0$。对笛卡儿坐标系下的碰撞事件进行定义：在漂浮颗粒与茎杆相接近的过程中，

当其沿纵向到达位置 $x = a_s$ 时，如果其偏移位移小于 l_d，则认为漂浮颗粒可以与茎杆相碰撞；反之，则认为碰撞事件不会发生。鉴于此，与式（5.16）相对应的边界条件为

$$\begin{cases} t=0 \begin{cases} \xi = 0 \\ \dfrac{\mathrm{d}\xi}{\mathrm{d}t} = 0 \end{cases} \\ t = t_e \begin{cases} \xi = l_d \\ U_{ya} = 0.5U_b \end{cases} \end{cases} \tag{5.17}$$

结合上述边界条件，对式（5.16）进行求解，可得

$$l_d = \frac{3a_s C_d}{4a_r}\frac{\delta_a}{\delta_v}\left(2k_2 + \frac{4}{2k_2+1} - 3\right) \tag{5.18}$$

在式（5.18）中引入一个极具代表性的无量纲量 $\gamma = \delta_a / \delta_v$，以描述漂浮颗粒与茎杆相碰撞的几何特性。事实上对于不规则颗粒，该值的测量相对简单且具有直接的指导意义，漂浮颗粒体积淹没度 δ_v 与颗粒密度呈负相关，且与其球度呈正相关。随着流速的增加，漂浮颗粒的偏移效应将更加显著，同时碰撞效率取决于颗粒惯性与漂移效应的共同作用，可将其定义为

$$\eta = \frac{B}{S} = \frac{2(a_s - l_d)}{S} \tag{5.19}$$

5.1.3 滞留时间模型

在漂浮颗粒与植被茎杆相碰撞后，其瞬时速度将立刻降低为零，随后漂浮颗粒将沿茎杆表面滑入茎杆后尾流区域，直至最后漂流到自由水流区域。将颗粒在整个碰撞事件中花费的时间与在相同纵向距离内自由水流中花费的时间的差值定义为其尾流滞留时间。当单个颗粒在挺水植被阵列中输运时，会经历一系列的碰撞事件（本章中均为临时俘获事件）。就独立的碰撞事件而言，其滞留时间是随机的并可为概率分布模型所描述，因而，可以认为漂浮颗粒的碰撞次数与相应的滞留时间均为决定 D_l 的随机变量。在密度相当（$0.0157 < \varepsilon < 0.0386$）均匀分布的植被茎杆阵列中，认为每条茎杆具有等同的碰撞及对漂浮颗粒的滞留行为，且任意两次碰撞时间是相互独立的，其相应的滞留时间分布可以认为是无记忆的。大规模的由碰撞事件所引发的滞留时间是服从指数分布的，这一点已经由 Ziemniak 等[137]的数值模拟实验及 Defina 和 Peruzzo[128]的水槽实验所证实，同时我们认为其与漂浮颗粒与茎杆相碰撞的入射角度是相关的，如 3.6 节所述。随着茎杆雷诺数的增加（$Re_d > 300$），茎杆后稳定的再循环涡体开始周期性地脱落，同时湍流逐渐向下游涡区发展。在较为致密的挺水茎杆阵列中，层流涡结构向湍流涡发展的临界雷诺数会延迟到 $Re_d = 200$。

在湍流充分发展的条件下，迎水面和背水面之间由湍流尾流结构产生的形状阻力是作用在茎杆上拖曳力的主要来源，由此分析，平均拖曳力系数与尾流区域速度亏损及尾

流特征长度呈正相关。为了评价湍流尾流对于漂浮颗粒滞留时间的影响，首先需要确定尾流区域的速度亏损值。Zavistoski[138]实验测量发现沿茎杆中心向下游的直线上的速度亏损值可以很好地收敛于经典的尾涡理论:

$$U_{\mathrm{f}} = U_{\mathrm{b}}\sqrt{\frac{5C_{\mathrm{ds}}a_{\mathrm{s}}}{81\beta^2}}x^{-0.5} \tag{5.20}$$

式中：$\beta = O(1)$ 为一修正系数；U_{f} 为沿尾流区域中心线的速度亏损值，被用于评价碰撞后的漂浮颗粒在尾涡中的加速过程。如图 5.4 所示，速度亏损值的倒数 U_{f}^{-1} 为由茎杆中心向下游的距离 x 的函数。Zavistoski[138]将速度小于自由水流速度 70%的区域（图中左上角深色部分）称为中间尾流区域，其占尾流区域面积的 80%以上，由此可以确定积分上限为 $x = 2C_{\mathrm{ds}}a_{\mathrm{s}}/3\beta^2$ 过程中所耗费的时间，即自 x=0 到 $x = 2C_{\mathrm{ds}}a_{\mathrm{s}}/3\beta^2$ 进行时间积分；

$$T_{\mathrm{A}} = \int_{0^+}^{2C_{\mathrm{ds}}a_{\mathrm{s}}/3\beta^2}\sqrt{\frac{81\beta^2}{5C_{\mathrm{ds}}a_{\mathrm{s}}}}\frac{\sqrt{x}}{U_{\mathrm{b}}}\mathrm{d}x = \frac{4\sqrt{2}}{\sqrt{15}}\frac{C_{\mathrm{ds}}a_{\mathrm{s}}}{U_{\mathrm{b}}\beta^2} \tag{5.21}$$

时间积分值 T_{A} 可以被作为评估尾流区域对滞留时间的影响参数，即

$$\tau_0 \propto T_{\mathrm{A}} \propto C_{\mathrm{ds}}a_{\mathrm{s}}/U_{\mathrm{b}} \tag{5.22}$$

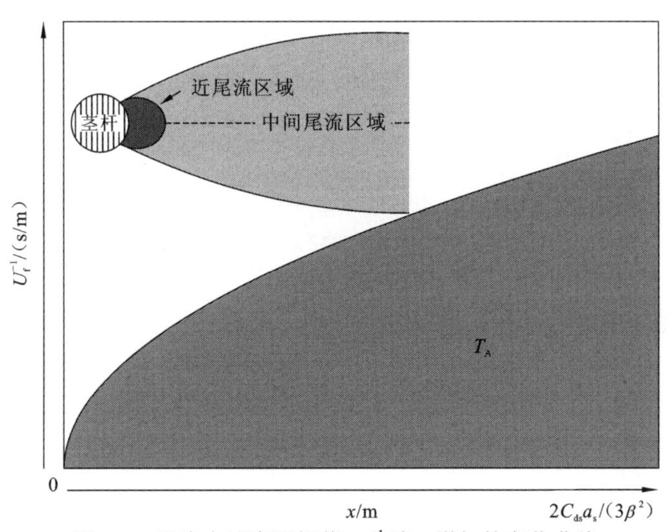

图 5.4　尾流中速度亏损值 U_{f}^{-1} 随 x 增加的变化曲线

右下角灰色区域为函数自 x = 0 到 $2C_{\mathrm{ds}}a_{\mathrm{s}}/(3\beta^2)$积分值，左上角为中间尾流区域示意图，虚线为该区域中心线

式（5.22）可以被认为与量纲分析结论[式（5.7）]是等价的。在碰撞事件发生后，顺流而下的漂浮颗粒会经过中间尾流区域，从速度为零加速到自由水流速度。就该加速过程的定性分析而言，漂浮颗粒惯性特征（颗粒重量或比重）和中间尾涡区域的尺寸均与滞留时间呈正相关关系，且更大的茎杆直径意味着更大的尾流尺寸，即 $\tau_0 \propto \rho_{\mathrm{r}}/a_{\mathrm{r}}$。因而，$\tau_0$ 自定性分析上可以写为 $\tau_0 \propto (C_{\mathrm{ds}}a_{\mathrm{s}}/U_{\mathrm{b}})(\rho_{\mathrm{r}}/a_{\mathrm{r}})$，相应地 $\tau_0 \propto (C_{\mathrm{ds}}a_{\mathrm{s}}/U_{\mathrm{b}})(\rho_{\mathrm{r}}/a_{\mathrm{r}})$ 被确定为滞留时间影响参数。

为了更准确地定义单个碰撞事件，漂浮颗粒在挺水植被茎杆阵列中的运动轨迹被分割为两个片段，即延迟运输片段及平滑运输片段（图 5.5）。T_{de} 被定义为漂浮颗粒穿过延迟长度 L_{de} 所花费的时间，同时将漂浮颗粒在植被茎杆间隙没有发生碰撞的非延迟部分区域的输运速度定义为 U_{sm}。因此，单个碰撞事件引起的滞留时间可以被解释为

$$\tau_0 = T_{de} - L_{de} / U_{sm} \tag{5.23}$$

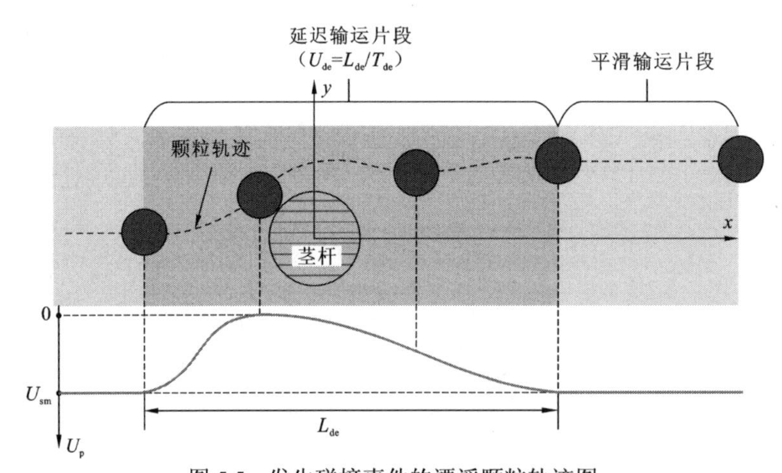

图 5.5　发生碰撞事件的漂浮颗粒轨迹图

深色区域为延迟部分，浅色区域为非延迟部分，水流流向为由左向右

5.2 实验分析

本章实验是在武汉大学水资源与水电工程科学国家重点实验室水力学实验室的长直循环水槽中进行的，该水槽长为 20 m，宽为 1 m，深为 0.5 m，水槽边壁为玻璃材质，具有良好的透光性以利于拍摄图像，实验布置如图 5.6 所示。实验流量由水槽入口处的电磁流量计和进口调节阀门配合调节控制，水槽末端有可调节水位的尾门，在水槽进水口段铺设了简单的稳流装置，以尽量使水流平稳均匀地进入水槽中。实验中入流流量是通过设置在入口处的电磁流量计测量的，断面平均流速是通过流量与植被区的过水面积的比值确定的。一组表面光洁的长为 25 cm，直径为 0.6 cm 的圆柱形松木棍用以模拟植被茎杆，木棍被均匀地扦插在提前打好孔的黑色 PVC 材质的长方形板上，恰好与水槽宽度相契合，布置长度为 4 m。三种材质相同的，直径分别为 0.4 cm、0.3 cm、0.2 cm 的木球被用于模拟漂浮种子颗粒，所有的木球颗粒均被涂以白色的染料以提高其图像跟踪水平。实验中通过尾门调节水流深度，尽量保证茎杆超出水面部分高度在 3 cm 以下，以尽量消除突出水面的茎杆对漂浮颗粒的遮蔽作用。对于每组试验，随机选取木球颗粒组次在植被段上游约 50 cm 在横向上随机选取位置并释放。

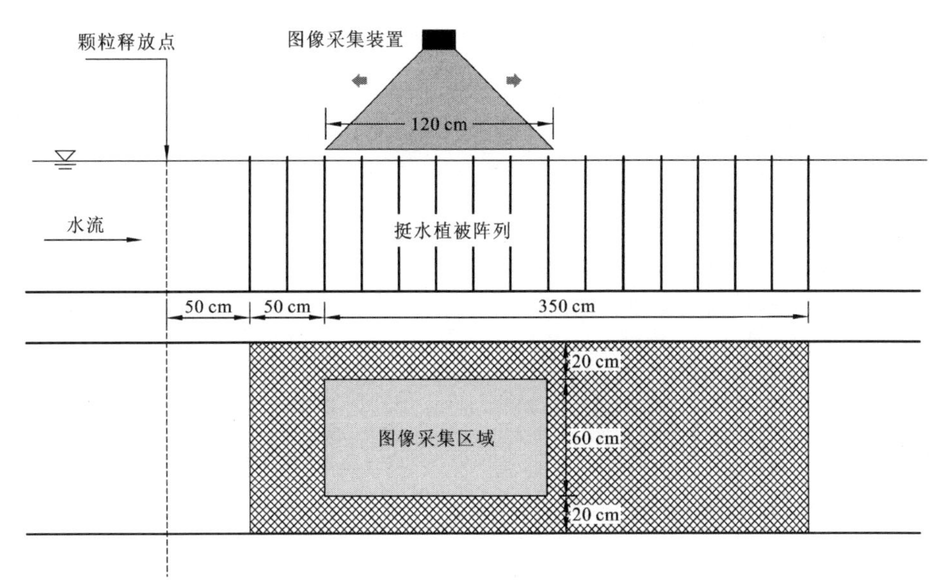

图 5.6　实验布置形式

上图为侧视图，下图为俯视图，水流方向自左向右

所有的试验工况均通过一台架设在水槽上方可自由移动的数码相机（型号：EOS 5D MARK II，像素为 1920×1080，帧率为 30 Hz）拍摄记录。如表 5.1 所述，一共进行了两组实验，其中 A 组在确定点的入流流量条件下改变植被密度，一共设置了 4 个密度工况，n_s 为 554～1164 m^{-2}，在确定流速条件下采用半径为 0.3 cm 的木球开展实验；B 组通过在确定的植被密度下调节入流流量，一共设置了 7 个工况（B1～B7），在确定的植被密度条件下流速为 0.065～0.219 m/s，该组实验的主要目的是探究在相同植被密度条件下，水流速度对于漂浮颗粒碰撞效率的影响。颗粒运动轨迹的提取通过视频分析软件 Image-Pro Plus 及基于帧间差分法和背景差分检测的 MATLAB 自编程序来实现。

表 5.1　开展漂浮颗粒跟踪实验的主要参数设置

实验工况	U_b/（m/s）	Re_d	We_b	S/cm	n_s/m^{-2}	ε	实验颗粒
A1	0.113	678	2.099	4.250	554	0.015 7	0.3 cm
A2	0.113	678	2.099	3.727	720	0.020 4	0.3 cm
A3	0.113	678	2.099	3.272	934	0.026 4	0.3 cm
A4	0.113	678	2.099	2.931	1 164	0.032 9	0.3 cm
B1	0.064 5	387	0.569 9～0.797 9	2.706	1 366	0.038 6	0.2 cm、0.3 cm、0.4 cm
B2	0.089 4	536	1.094 9～1.532 8	2.706	1 366	0.038 6	0.2 cm、0.3 cm、0.4 cm
B3	0.113	678	1.749 2～2.448 8	2.706	1 366	0.038 6	0.2 cm、0.3 cm、0.4 cm
B4	0.138	828	2.608 8～3.652 3	2.706	1 366	0.038 6	0.2 cm、0.3 cm、0.4 cm
B5	0.163	978	3.639 6～5.095 4	2.706	1 366	0.038 6	0.2 cm、0.3 cm、0.4 cm
B6	0.190	1 140	4.945 2～6.923 3	2.706	1 366	0.038 6	0.2 cm、0.3 cm、0.4 cm
B7	0.219	1 314	6.570 0～9.198 0	2.706	1 366	0.038 6	0.2 cm、0.3 cm、0.4 cm

实验中发生碰撞事件的漂浮颗粒会有一个稳定的减速过程，在速度减到极小值为零时，之后会缓慢的加速直到进入非延迟区域，以此可以确定实际碰撞次数 N_i。在本书所述的尺度模型中，漂浮颗粒穿过挺水植被阵列时，潜在碰撞点的总数是通过视频分析植被测试段的长度 X 确定的，$N_t = 1 + X / S_1$。因此，由实验测试所得的碰撞效率可以表示为

$$\eta = N_i / (1 + X / S_1) \tag{5.24}$$

对于每个测试样本组，可以从超过十万帧照片中提取获得超过 50 例漂浮颗粒运动轨迹，以这些数据进行统计分析，基本上认为是合适的。运动轨迹的特征量通过中心差分方法得到

$$u_i = \frac{x_{i+1} - x_{i-1}}{2\Delta t}, \quad w_i = \frac{y_{i+1} - y_{i-1}}{2\Delta t} \tag{5.25}$$

$$\alpha_i = \tan\left(\frac{w_i}{u_i}\right), \quad V_i = \sqrt{u_i^2 + w_i^2} \tag{5.26}$$

式中：u_i 与 w_i 分别为漂浮颗粒纵向及横向瞬时速度；（x_{i+1}，y_{i+1}）为漂浮颗粒形心在 i+1 帧图片中的坐标；（x_{i-1}，y_{i-1}）为漂浮颗粒形心在 i−1 帧图片中的坐标；Δt 为连续两帧图片之间的间隔时间。所测瞬时速度由相邻三帧图像中漂浮颗粒的位置确定，浮力颗粒瞬时速度（V_i）与测试区段的整体平均速度的概率密度分布可以反映植被的存在对漂浮颗粒输运的影响。

5.3 结论与讨论

5.3.1 惯性碰撞

本章中的运动学模型利用半经验方法以描述漂浮颗粒与茎杆的碰撞过程，并量化碰撞效率与水流速度及颗粒物理特征之间的关系。实验工况 B1～B7 被用于校核及验证该运动模型，实验中的碰撞效率通过在图像测量区域的碰撞事件及式（5.19）（n_s<1 780 m^{-2}）求得。如图 5.7 所示，碰撞效率 η 随水流速度 U_b 的增加而降低，整体上呈负对数关系。Defina 和 Peruzzo[128]认为在相对稀疏的挺水植被阵列中，漂浮颗粒碰撞效率与植被的排列方式及密度无关，且如 4.2 节中所述，低流速条件下 η 主要与水流速度及颗粒的物理特征相关。模型中形状系数 k_2 可以通过结合数据组（η, U_b）与式（5.18）、式（5.19）确定，相关的结论如图 5.8 所示。结合 5.1.2 小节中所述，k_2 与无量纲停止距离的倒数（S_{tf}^{-1}）呈显著的线性正相关关系，且不同尺寸的木球颗粒所代表的曲线截距及斜率取决于其体积效应。具体而言，k_2 与相对半径（a_r）相关，通过多参数非线性拟合方法可以得到其经验关系式：

$$k_2 = -14.62 a_r^3 S_{tf}^{-1} + 1.713\sqrt{a_r} \tag{5.27}$$

确定系数为 $R^2 = 0.982$。

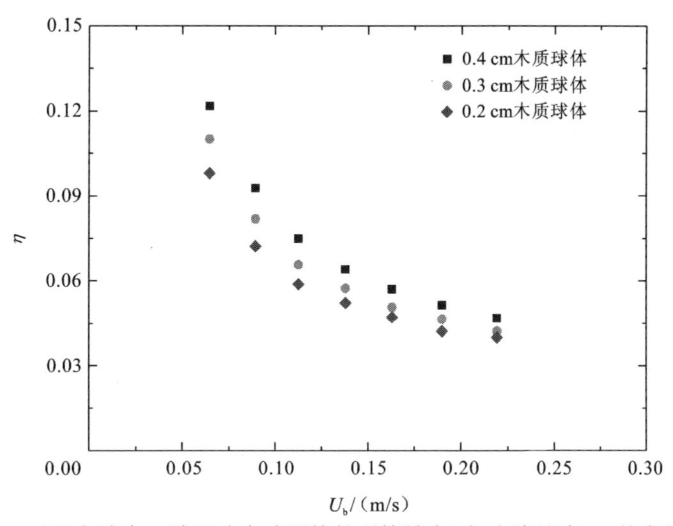

图 5.7　对于实验中 3 种尺寸木球颗粒的碰撞效率 η 与水流速度 U_b 的变化关系

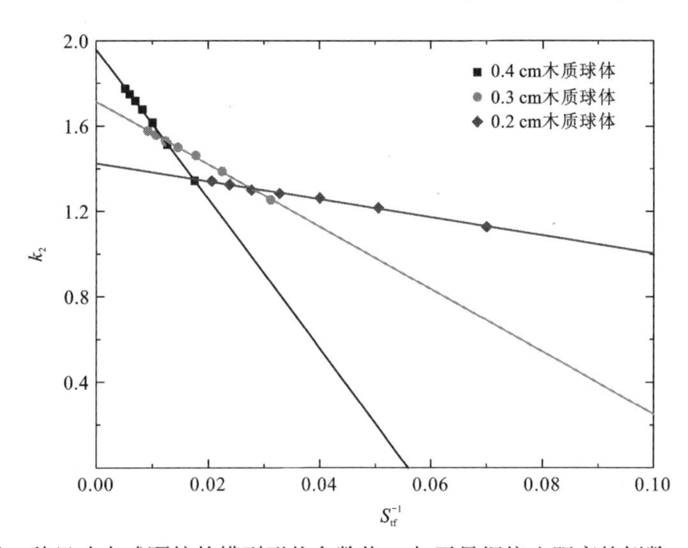

图 5.8　对于 3 种尺寸木球颗粒的模型形状参数值 k_2 与无量纲停止距离的倒数 S_{tf}^{-1} 的变化关系

曲线的斜率表明体积效应对漂浮种子漂流轨迹的影响，更大尺寸的种子具有更为显著的偏离效应。可以推测的是，当 $a_r \to 0.1$，k_2 将取值为一小常数。图 5.9 给出了依式(5.27）所得模拟值与实测 k_2 参数值之间的对比关系（$R^2 = 0.988$），由图 5.9 可见其模拟效果是令人满意的。随着漂浮颗粒惯性作用的增加，即更大值的 S_{tf}，漂浮颗粒最外层可碰撞轨迹将逐渐接近于路径 II（图 5.3），此时偏移效应占主导并导致漂浮颗粒更易于避免与茎杆相碰撞。我们可以进一步推测在水流速度 U_b 足够大时（Re_d>1 800），可碰撞漂浮颗粒的最外层轨迹将近似为路径 II，此时碰撞效率将趋于一小常数，且仅仅取决于茎杆尺寸及相邻茎杆的距离。

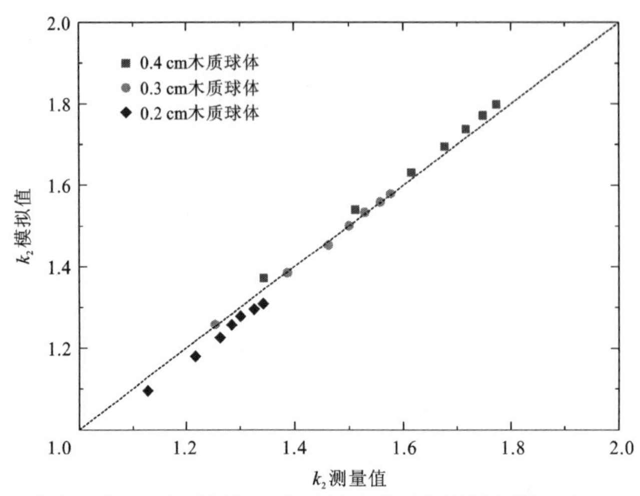

图 5.9　对于 3 种尺寸木球颗粒，实验测量所得与模拟所得参数 k_2 对比关系

5.3.2　滞留时间

对漂浮颗粒轨迹进行处理，然后运用式（5.23）可以获得其单个碰撞事件所引起的滞留时间。相较于碰撞后的滞留时间尺度，漂浮颗粒在自由水流中可以认为是以固定速度进行输运的，均匀紊流对其影响可以忽略不计。如 5.1.3 小节所述，植被阵列中输运的漂浮颗粒的轨迹被分割为两类片段（图 5.5），然而实验结果表明这种分类方式对于水流速度较低的情况并不完全适用，在同样的碰撞事件发生时，其滞留时间分布依然存在很大的变异性（如 3.6 节）。

正如 5.1 节中所论述的，τ_0 与尾流中速度亏损值 $U_{\rm f}$ 成正比，同时茎杆雷诺数在 $387 < Re_{\rm d} < 1314$ 内，可以认为茎杆的平均拖曳力系数与 $U_{\rm f}$ 相关，这里 $C_{\rm ds}$ 的取值见 3.3 节所述，由式（3.26）确定。如图 5.10 所示，单个碰撞事件滞留时间随 $Re_{\rm d}$ 增长的趋势与参数 $C_{\rm ds}a_{\rm s} / U_{\rm b}$ 和 $Re_{\rm d}$ 的变化关系在某种程度上非常类似，这一结论与 4.1.3 小节中所预测的结果是相一致的（图 5.10 中以虚线标识）。此外，在水流速度相同的条件下，质量更大的漂浮颗粒的滞留时间更长。这表明对于质量更大的漂浮颗粒，在发生碰撞事件后，在尾流区域内其需要更长时间的加速过程以接近自由水流速度。在对参数的进一步处理上，τ_0 可以由滞留时间参数以线性的形式来表示（图 5.10）。然而我们注意到 $Re_{\rm d}$=387 的工况与该线性关系并不十分匹配，这可能是由于较低流速条件下毛细作用力对于碰撞后的颗粒的加速过程具有一定的延缓效果。正如之前所报道的[14, 124, 139]，在茎杆雷诺数 $Re_{\rm d} > 500$ 时，漂浮颗粒为茎杆所永久俘获概率可以估算为 $P_{\rm c} \sim O(10^{-3})$，此时毛细作用在单个俘获事件中的作用可以被忽略。事实上，在工况 B1 中我们发现依然存在少量永久俘获现象。如图 5.11 所示，在剔除工况 B1 的数据之后，滞留时间影响参数$(C_{\rm ds}a_{\rm s}/U_{\rm b})(\rho_{\rm r}/a_{\rm r})$与滞留时间之间可以由线性关系较好地表述：

$$\tau_0=3.215(C_{\rm ds}a_{\rm s} / U_{\rm b})(\rho_{\rm r} / a_{\rm r}) + 0.034 \tag{5.28}$$

确定系数为 $R^2 = 0.930$。

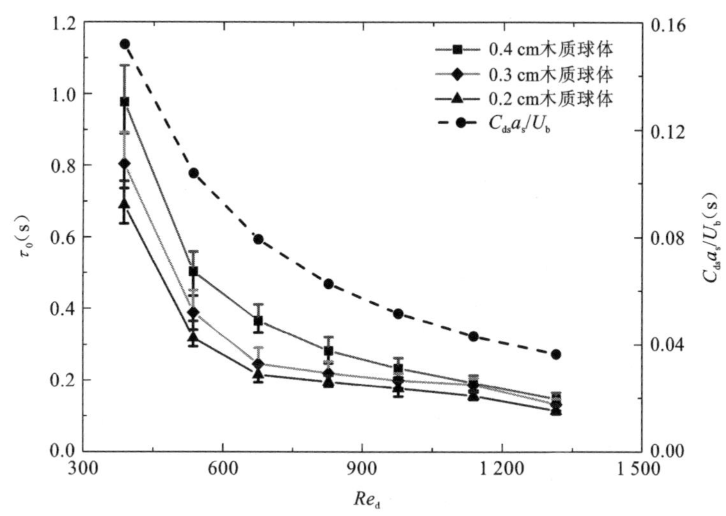

图 5.10　平均滞留时间与参数 $C_{ds}a_s/U_b$ 在不同雷诺数条件下的变化关系

不同图例的误差棒表示不同尺寸的目标颗粒在实验结果的变化范围

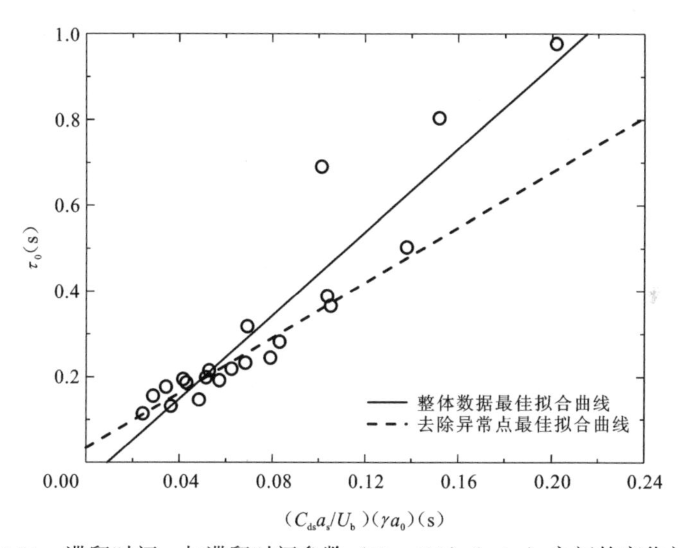

图 5.11　滞留时间 τ_0 与滞留时间参数（$C_{ds}a_s/U_b$）（ρ_r/a_r）之间的变化关系

5.3.3　输运速度

在密度工况为 n_s=1 366 m^{-2} 的系列实验中，实验测得的漂浮颗粒输运速度要明显大于断面平均流速。这一方面是由于表层流速要略大于断面平均流速，更重要的是由于阻塞效应所导致的相邻茎杆之间局部的高流速区域。当漂浮颗粒在茎杆阵列中伴随空间分布不均匀的流速进行输运时，在类似 Segre-Silberberg 效应的影响下，漂浮颗粒会向流速较高的区域汇聚，即在尾流区域与自由水流区域相交界处聚集，从而形成在茎杆阵列中穿行的运动状态，这一点已经为实验所证实。Roshko 最先以分离速度 U_s 作为茎杆间束流区域的特征流速：

$$U_s = U_b\sqrt{1-C_{pb}} \tag{5.29}$$

式中：C_{pb} 为茎杆表面的基准压力系数，事实上是难以直接测量的。在茎杆雷诺数区间 $200 < Re_d < 1340$ 的条件下，Etminan 等[86]在茎杆密度为 $0.016 < \varepsilon < 0.25$ 的流场中进行了数值模拟。模拟结果表明 U_s 与茎杆间束流区的断面平均流速 U_c 存在可靠的正线性相关，即 $U_s = 1.305U_c$。根据物质守恒理论，水流流经茎杆间束流区时其断面平均流速可以确定为

$$U_c = U_b / \left(1-\sqrt{2\varepsilon/\pi}\right) \tag{5.30}$$

考虑到漂浮种子尺寸与植被茎杆在同一量级内，其本身对茎杆附近流场存在明显的影响，且作用于漂浮种子上的不均匀滑移速度也会影响其纵向输运速度，因此引入参数 k_p 以估算其输运速度：

$$U_p = 1.305k_pU_b / \left(1-\sqrt{2\varepsilon/\pi}\right) \tag{5.31}$$

如图 5.12 所示，三种不同尺寸的漂浮颗粒的输运速度与断面平均流速之间的关系基本上满足线性关系，且体积更小的漂浮颗粒对阻塞效应更为敏感，其输运速度更大，从而取更大的 k_p 值。

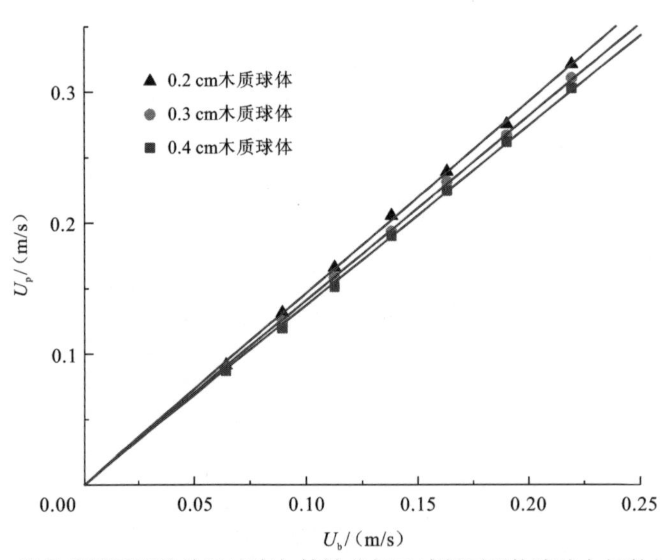

图 5.12　测量的漂浮颗粒输运速度与植被茎杆区域断面平均流速之间的线性关系

5.3.4　纵向离散系数

在含刚性挺水植被明渠水流中，茎杆尺度和水深尺度的离散机制主导了整个纵向离散过程。当仅仅探究漂浮种子在水面二维平面中的运动时，水深尺度离散过程可不做考虑。早前的一些学者对挺水植被阵列中的纵向离散过程已经在机理和应用层面有比较系统的成果。对于相对稀疏的植被阵列（$\varepsilon < 0.1$），茎杆尺度的离散过程主要是由茎杆引

起的周围流场空间分布不均造成的。White 和 Nepf[87]在此基础上提出了纵向离散系数的计算式：

$$K_1 = \frac{1}{2} C_D^{1/3} U_b d_s \tag{5.32}$$

然而对于分布较为密集的植被茎杆阵列（$\varepsilon > 0.1$），茎杆尺度的离散则主要是由于茎杆表面的边界层及其后尾流区域中物质的俘获与释放过程引起的。Murphy[140]将在雷诺数 Re_d>40 时的离散系数近似为

$$K_1 \cong 5\lambda U_b d_s \tag{5.33}$$

由于植被茎杆的存在，直接诱发的机械离散作用是区别于湍流扩散和剪切流离散重要的过程。这三种离散过程是复杂的，且相互之间有影响，独立研究其过程是很困难的，但是在选择合适的评价尺度的前提下可以通过半经验的方法以综合确定。在本章中所述的确定纵向离散系数的过程是基于标准球形颗粒的，但是可以通过不同形状颗粒的不规则系数及相应的动力学差异加以修正。例如，通过以上述章节推导过程中所提及的参数（$\delta_a, \delta_v, \gamma, S_{tf}$），这样可以达到将 D_l 的应用推广到自然界中存在的天然种子的目的。利用通过半经验方法所得的关于滞留时间 τ_0 和碰撞效率 η 的计算式，结合计算式（5.4），漂浮颗粒在含刚性挺水植被的明渠水流中的纵向离散系数可以被确定。

如图 5.13 所示，将以本书半经验方法所确定的 D_l 在 0<Re_d<1 500 以 Re_d 为基础变量绘图，所得结果能较好地与实验所得数据相吻合（图 5.13 中散点）。本章中所取的茎杆阵列的密度为 $\varepsilon < 0.10$，以相应条件下的溶质粒子的离散系数[式（5.23）]作为对比（图 5.13 中黑色虚线）。相同条件下的溶质粒子的离散系数要明显小于漂浮颗粒，我们认为该现象的原因在于两种颗粒的不同动力学特征，简单地将常规的溶质粒子的离散理论

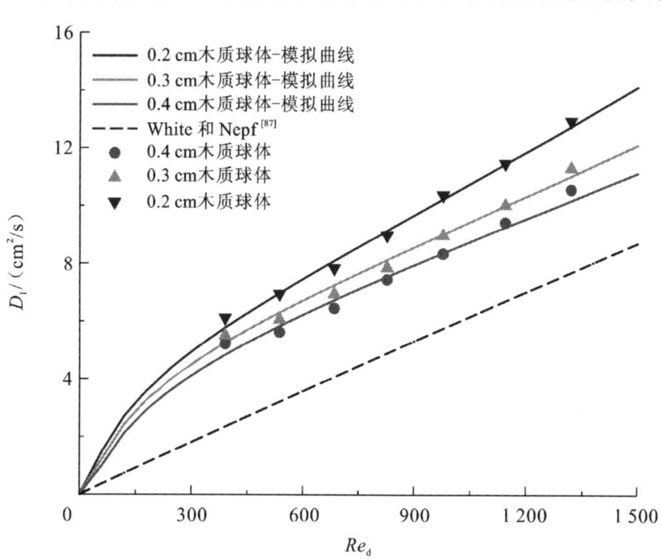

图 5.13　对于三种的漂浮颗粒，基于半经验方法推导的纵向离散系数 D_l 与实验所得的数据点，以及相同条件下 White 和 Nepf[87]提出的溶质粒子的估算式之间对比

运用到漂浮种子的输运模型中是不合适的。同时，随着水流速度的增加，D_l随之增加，此时机械离散的比重会降低，相应的漂浮颗粒在尾流区域中的加速过程将会占主导。进一步地，对于密度相同的漂浮颗粒，越小的体积意味着越大的 D_l，然而τ_0及η均与其呈负相关关系，这说明小颗粒的漂浮种子可能对于阻塞效应更为敏感，这使小颗粒拥有更大的输运速度。随着茎杆阵列密度的增加，碰撞效率η与输运速度 U_p 的增长速率相较于由于尾流干涉效应及茎杆间的遮蔽效应引起的植被茎杆拖曳力系数 C_{ds} 的降低速率是更为显著的。因而，对于密度更大的植被茎杆阵列，其纵向离散系数会增加，但这些依然需要更多的实验研究与理论分析相支持。通过上述章节依据半经验方法所提出的求解纵向离散系数模型，漂浮种子通过含挺水植被的输运规律可以得到求解。这一结果对于河岸和湿地生态系统的修复与恢复具有一定的意义，同时对于了解农田有害杂草的传播过程及湿地系统中外来植物物种入侵途径具有一定的指导意义。

第6章　漂浮种子的迁移模型

目前主流的模拟颗粒输运过程的方法为欧拉方法与拉格朗日方法，其中拉格朗日方法虽然在计算量上较大，但是因其在模拟精确度高、不基于网格处理及易于处理闭合区域问题上的优势，在环境数值模拟领域有着广泛的应用。随机游走模型作为应用效果最佳的方法之一，在大气、地下水及地表水的污染物颗粒迁移特征模拟中有着广泛的应用。同时，在植物繁殖体颗粒的散播模型方面，随机游走模型对于花粉及孢子颗粒的散播模拟的应用也较为成熟。该方法用一个随机过程来近似受牛顿力学控制的过程，建模的机制基于欧拉方法和拉格朗日方法具有相同的时空平均行为。

6.1 非球形颗粒随流输运随机游走模型基础理论

颗粒随流输运及扩散是在水体中进行的运动，通常指漂浮在水面的、悬浮在水中的或者处于沉降状态的颗粒在水流作用下向下游输移的过程。在分子扩散和水流紊动的作用下，颗粒不一定会以相同的轨迹运动，其运动轨迹具有很大的随机性。而在对颗粒的运动轨迹进行数值模拟的时候，常常视颗粒具有较好的跟随性。

欧拉法和拉格朗日方法是两种描述流体运动的方法。其中欧拉法描述任何时刻在流场中各个变量的分布，将流体视作系统来研究其中的变量；拉格朗日法的基本思想则是追踪每个粒子从某一时刻开始的运动轨迹，研究时间变化后该粒子的运动规律有何不同。下面介绍颗粒随机游走模型的理论基础。

6.1.1 概率密度函数

在数学领域里，连续性随机变量的概率密度函数表征某一个随机变量的输出值在一个确定的取值点附近的可能性。而基于概率密度的两相湍流理论在两相流理论中拥有重要的地位，在物理学中又称为随机层次。当随机细节不需要完整表述时，随机层次法的效果显著。随机层次法是处于微观和宏观层次之间的描述方法，相比宏观模型，通过该方法得到的信息会更多。

概率密度函数（probability density funtion，PDF），作为统计物理学的其中一个理论基础，该函数的基础性和可靠性突出。PDF 输移方程能够连接两相流的拉格朗日法和欧拉法，并且可以证明通过 PDF 统计平均得到的结果与雷诺平均的结果是十分接近的。而根据 PDF 相空间变量的差别，可以大致将基于统计力学的湍流模型分为几类[141]，在此不做赘述。本章将结合流体微团拉氏方程及颗粒的运动方程，以拉格朗日理论作为基本框架，建立随机游走模型。

假设在 0 时刻向各向同性的紊流场中投放一个质点团，以投放位置作为原点，取水流流动方向的动坐标系，用拉格朗日法的观点研究质点团的运动扩散。可以预见，在 t 时刻质点团会以动坐标系原点为中心呈圆球形散布，在 x、y、z 方向对质点团的位置取方差得到的结果应该相等，且各方向上的浓度分布均为正态分布。以 x 方向为例，t 时刻质点团中某一粒子的位移为 $x_1(t)=\int_0^t v_1(t')\mathrm{d}t'$。式中，$v_1(t')$ 为随机变量，由于紊流场时均流速为零，$v_1(t')$ 即为脉动流速，$\overline{x_1(t')}=0$。位移的方差为

$$
\begin{aligned}
\frac{\mathrm{d}}{\mathrm{d}t}\overline{x_1^{\,2}(t)} &= \overline{2x_1(t)\frac{\mathrm{d}x_1(t)}{\mathrm{d}t}} = \overline{2x_1(t)v_1(t)} \\
&= \overline{2\left[\int_0^t v_1(t')\right]v_1(t)} \\
&= \overline{2\int_0^t v_1(t')v_1 t\mathrm{d}t'}
\end{aligned} \tag{6.1}
$$

由于所设定的紊流条件是恒定的，脉动流速 $\overline{v_1^2(t)}$ 与时间 t 无关，可以用 $v_1(t)$ 和 $v_1(t')$ 来组成与 $t-t'$ 存在函数关系的系数，由此定义流体质点拉格朗日流速分量的自相关系数为

$$
R_1(\tau)=\frac{\overline{v_1(t)v_1(t+\tau)}}{v_1^2(t)} \tag{6.2}
$$

式中：$\tau=t-t'$。

由此式（6.1）可以写为

$$
\frac{\mathrm{d}}{\mathrm{d}t}\overline{x_1^2(t)}=2\overline{v_1^2(t)}\int_0^t \mathrm{d}t'\int_0^t R_1(\tau)\mathrm{d}\tau \tag{6.3}
$$

积分式（6.3）得

$$
\overline{x_1^2(t)}=2\overline{v_1^2(t)}\int_0^t (t-\tau)R_1(\tau)\mathrm{d}\tau \tag{6.4}
$$

式（6.4）表明，在 t 时刻某一粒子的位移均方值与该时刻的脉动流速均方值及拉格朗日自相关系数有关。从拉格朗日相关的概念出发，通过对单个质点进行跟踪继而得出的 t 与 $t+\tau$ 两个时间点的脉动流速相关[142]。

（1）扩散历时很短时：t 很小，此时可以认为 $R_1(\tau)\approx 1$，则由式（6.4）可得

$$
\overline{x_1^2(t)}=\overline{v_1^2(t)}\,t^2 \tag{6.5}
$$

可见当时间很短时，即在扩散开始不久时，质点扩散距离与时间 t 呈正比。

（2）扩散历时很长时：t 很大，$t\gg T_L$，式（6.4）中的 τ 可以忽略，得

$$
\overline{x_1^2(t)}=2\overline{v_1^2(t)}\int_0^t tR_1(\tau)\mathrm{d}\tau=2\overline{v_1^2(t)}T_\mathrm{L}t \tag{6.6}
$$

式中：$T_\mathrm{L}\equiv\int_0^t R_1(\tau)$ 为拉格朗日自相关系数 $R_1(\tau)$ 的积分时间比尺。

可见在扩散时间很长，扩散发展很久后，质点扩散的距离正比于 $\sqrt{t}$，而布朗运动随机游走中的结论为均方差 $\sigma=\sqrt{2D_\mathrm{m}t}$，可见这两种情况得到的结论是一致的。究其原因，是由于当扩散时间很长时，标记的质点已经不复记忆其在 $t=0$ 时的情况；而在扩散初期则可认为两个时刻的质点速度完全相关。所以可以将 T_L 视作质点摆脱初始情况影响需要

经历的时间度量。

与分子扩散相似，当恒定紊流的扩散时间很长时，可以定义紊流扩散系数：

$$K_x = \frac{1}{2}\frac{\mathrm{d}x_1^2(t)}{\mathrm{d}t} \tag{6.7}$$

结合式（6.3），有

$$K_x = \overline{v_1^2(t)}\int_0^t tR_1(\tau)\mathrm{d}\tau \tag{6.8}$$

可得

$$\overline{x_1^2(t)} = 2K_x t \tag{6.9}$$

6.1.2 随机游走方程

在拉格朗日法的框架下实现粒子的跟踪，可以采用随机游走模型。该模型的思路为：通过释放带标记的质点团模拟粒子的运动，同时将其运动分解为确定项和随机项，即伴随平均流场运动产生的确定位移及由于紊动扩散的不规律性产生的随机位移。通过模拟这些颗粒的运动轨迹可以得到它们的空间总体分布图，从而可以研究对象粒子的运动规律。

粒子在水体运动的控制方程是一个对流扩散方程，可以通过有限差分法、有限元法等求解，而这些方法几乎是欧拉法框架下的求解方法。但由于这类方程对流作用的时间尺度与扩散作用的时间尺度不一致，应用这些方法处理问题会出现困难。在进行方程离散的过程中，这种不一致性引起的误差会被引入方程解中，误差也会随着计算过程的不断循环而扩大，最后得到的结果与真实解相去甚远。此外，以对流项占优的问题为例，想要让求解结果接近真实值，就需要对网格进行高度加密的处理，而这样往往会造成计算量的大大增加。因此，当使用上述的欧拉法进行处理时，可能会出现违背真实物理过程的情况。为了缓解这种情况，使结果与真实物理过程相接近，在数值模拟过程中就需要考虑不同的物理过程。在拉格朗日框架下建立的随机游走模型就能够满足这个要求，在对单个粒子的运动特性研究时，拉格朗日法也更有效。

与欧拉法不同，拉格朗日法框架下的随机游走模型所模拟的粒子均为单一个体，拥有其自身的特性。当粒子的随流性较强时（低斯托克斯数），粒子的运动形式与水流相似，此时可以将其运动过程分解成对流过程和扩散过程，前者为伴随平均流场运动产生的确定位移，后者为由于紊动扩散的不规律性产生的随机位移，该位移可以用 PDF 确定。对粒子运动过程的数值模拟可以通过划分时间步长，以前一个时间点的粒子特性为基础进行一个时间步长的位移计算，最终得到下一时刻的粒子位置。

（1）对流过程。该过程是颗粒随水体宏观运动的过程，指代水体平均运动引起的迁移现象，又称为随流传输。可以借助流体力学的数值模型得到的速度场进行对流过程的计算。

（2）扩散过程。如前文所述，当恒定紊流扩散时间超过拉格朗日自相关系数 $R_1(\tau)$ 的积分时间比尺时，标记质点将忘记初始位置，质点的分子扩散完全随机，此时可将紊流视为随机运动，可以通过随机性方法模拟粒子在水体的扩散过程。

下面以非线性朗之万方程为基础建立随机游走模型。

粒子运动的一维随机微分方程为[143]

$$\frac{\mathrm{d}x}{\mathrm{d}t}=a(x,t)+b(x,t)\xi(t) \tag{6.10}$$

式中：$a(x,t)$ 为确定力项的函数；$b(x,t)$ 为随机力项；$\xi(t)$ 为随机数，描述随机力项的变化程度。该随机数满足如下要求：

$$\begin{cases}\langle\xi(t)\rangle=0\\ \langle\xi(t)\xi(t')\rangle=\delta(t-t')\end{cases} \tag{6.11}$$

式中：$\langle\rangle$ 为系综平均，意味当 $t\neq t'$ 时，$\xi(t)$ 和 $\xi(t')$ 相互独立。

对式（6.10）积分可得

$$x(t)-x(0)=\int_0^t a[x(s),s]\mathrm{d}s+\int_0^t b[x(s),s]\xi(s)\mathrm{d}s \tag{6.12}$$

式（6.12）亦可以写为

$$x(t+\mathrm{d}t)-x(t)=a[x(t),t]\mathrm{d}t+\int_t^{t+\mathrm{d}t} b[x(s),s]\xi(s)\mathrm{d}s \tag{6.13}$$

根据描述布朗运动的维纳过程：

$$W(t)\equiv\int_0^t\xi(s)\mathrm{d}s \tag{6.14}$$

得

$$\mathrm{d}W(t)=W(t+\mathrm{d}t)-W(t)=\xi(t)\mathrm{d}t \tag{6.15}$$

为了估算式（6.13）中的积分项引入伊藤积分假设，同时结合式（6.15）有

$$\int_t^{t+\mathrm{d}t} b[x(s),s]\xi(s)\mathrm{d}s=b[x(t),t]\int_t^{t+\mathrm{d}t}\xi(s)\mathrm{d}s=b[x(t),t]\mathrm{d}W(t) \tag{6.16}$$

假设 $a(x,t)$ 为光滑连续函数，则式（6.13）可以写为

$$\mathrm{d}x=x(t+\mathrm{d}t)-x(t)=a[x(t),t]\mathrm{d}t+b[x(t),t]\mathrm{d}W(t) \tag{6.17}$$

式（6.17）表示，粒子在一个步长内的位移通过确定性分量 $a[x(t),t]\mathrm{d}t$ 及随机性分量 $b[x(t),t]\mathrm{d}W(t)$ 来确定，因此可以用于紊流中的粒子随流扩散运动的模拟。维纳过程有如下特性[144]：

$$\begin{cases}\langle\mathrm{d}W\rangle=0\\ \langle\mathrm{d}W\,\mathrm{d}W\rangle=\mathrm{d}t\end{cases}$$

考虑一个以 t 为自变量的任意函数 $f(x)$，利用 $\mathrm{d}W(t)$ 对 $\mathrm{d}f(x)$ 进行二阶展开，并忽略高阶无穷小项 $O(\mathrm{d}t\mathrm{d}W,\mathrm{d}t^2)$，将 $x(t)$ 和 $W(t)$ 通过 x 和 W 简化标示，得

$$\begin{aligned} \mathrm{d}f(x) &= f(x+\mathrm{d}x) - f(x) = f'(x)\mathrm{d}x + \frac{1}{2}f''(x)\mathrm{d}x^2 + \cdots \\ &= f'(x)[a(x,t)\mathrm{d}t + b(x,t)\mathrm{d}W] + \frac{1}{2}f''(x)b^2(x,t)(\mathrm{d}W)^2 \end{aligned}$$

将$\langle \mathrm{d}W\,\mathrm{d}W\rangle = \mathrm{d}t$代入，得

$$\frac{\mathrm{d}f(x)}{\mathrm{d}t} = a(x,t) + b(x,t)f'(x)\frac{\mathrm{d}W}{\mathrm{d}t} + \frac{1}{2}b^2(x,t)f''(x) \tag{6.18}$$

对式（6.18）取时间平均，因为$\langle \mathrm{d}W\rangle = 0$，得

$$\frac{\langle \mathrm{d}f(x)\rangle}{\mathrm{d}t} = \frac{\mathrm{d}}{\mathrm{d}t}\langle f(x)\rangle = a(x,t)\frac{\partial f}{\partial x} + \frac{1}{2}b^2(x,t)\frac{\partial^2 f}{\partial x^2} \tag{6.19}$$

假设$p(x,t|x_0,t_0)$为$x(t)$的条件概率密度函数，有

$$\frac{\mathrm{d}}{\mathrm{d}t}\langle f(x)\rangle = \int f(x)\frac{\partial P(x,t|x_0,t_0)}{\partial t}\mathrm{d}x = \int\left[a(x,t)\frac{\partial f}{\partial x} + \frac{1}{2}b^2(x,t)\frac{\partial^2 f}{\partial x^2}\right]P(x,t|x_0,t_0)\mathrm{d}x \tag{6.20}$$

对式（6.20）进行分部积分，并忽略表面项，获得

$$\int f(x)\left\{\frac{\partial p}{\partial t} + \frac{\partial[a(x,t)p]}{\partial x} - \frac{1}{2}\frac{\partial^2[b^2(x,t)p]}{\partial x^2}\right\}\mathrm{d}x = 0$$

根据$f(x)$的任意性特征，可得

$$\frac{\partial p}{\partial t} = -\frac{\partial[a(x,t)p]}{\partial x} + \frac{1}{2}\frac{\partial^2[b^2(x,t)p]}{\partial x^2} \tag{6.21}$$

式（6.21）为福克尔-普朗克（Fokker-Planck）方程。上述的分析表明，通过条件概率描述的福克尔-普朗克方程所表达的随机过程与伊藤随机微分方程式（6.10）是等价的。即当方程满足扩散守恒定律时，用式（6.22）模拟颗粒分布，从结构上是相似于对流扩散方程的：

$$\frac{\partial c}{\partial t} = -\frac{\partial(uc)}{\partial x} + \frac{\partial}{\partial x}\left(D\frac{\partial c}{\partial x}\right) \tag{6.22}$$

对式（6.17）进行离散化，得

$$\Delta x_n = x_n - x_{n-1} = a(x_{n-1},t_{n-1})\Delta t + b(x_{n-1},t_{n-1})\Delta W(t_n) \tag{6.23}$$

式中：$x(t_n) = x_n$为粒子在$t_n = T$时刻所处位置。

假设t_0和x_0为初始时刻和粒子初始位置，将式（6.23）用于粒子运动的描述。已知初始条件相同，零边界条件$f(\infty,t) = 0$，点源初始条件$p(x,t_0) = N\delta(x-x_0)$（其中$\delta(x)$为狄拉克函数，表示在除了零以外的点函数值都等于零，而在整个定义域上的积分等于1）。根据概率论的知识，将实验重复N次后，T时刻时，N个粒子的空间分布可以通过式（6.21）的概率密度函数$p(x,t)$表达，满足该情况的等价性条件是：$N\to\infty$且$\Delta t\to 0$。对于N个粒子单独释放，重复N次的实验同样适用。

由此，在t时刻，以x为中心，可以估计长度l_s内的粒子数量为

$$N_e = Np(x,t)l_s$$

若所有粒子质量和为M，则每个粒子质量为$m_* = M/N$。令M_e为在l_s范围内的粒子总

质量，则

$$M_{\mathrm{e}} = m_{*}N_{\mathrm{e}} = MN_{\mathrm{e}} / N \tag{6.24}$$

以浓度法表示在 l_{s} 范围内的粒子总质量为

$$M_{\mathrm{t}} = \rho c l_{\mathrm{s}} \tag{6.25}$$

令 $M_{\mathrm{e}} = M_{\mathrm{t}}$，得

$$Mp(x,t) = \rho c \tag{6.26}$$

代入式（6.21）中，同时假设总质量 M 和密度 ρ 为常数，则

$$\frac{\partial c}{\partial t} = -\frac{\partial}{\partial x}\left[a - \frac{1}{2}\frac{\partial b^2}{\partial x}c\right] + \frac{\partial}{\partial x}\left[\frac{1}{2}b^2\frac{\partial c}{\partial x}\right] \tag{6.27}$$

与式（6.22）比较，可得到 $a(x,t)$ 与 $b(x,t)$ 的表达式：

$$a = u + \frac{\partial D}{\partial x} \tag{6.28}$$

$$b = \sqrt{2D} \tag{6.29}$$

根据维纳过程，离散方程式（6.23）中随机位移项的 $\Delta W(t_n)$ 可以表示为

$$\Delta W(t_n) = Z_n\sqrt{\Delta t} \tag{6.30}$$

其中：

$$\langle Z \rangle = 0$$

$$\langle ZZ \rangle = 1$$

因此，式（6.30）实际上假设了粒子运动的随机过程为高斯过程。在 x 方向上，随机扩散位移 f_x 可以写为

$$f_x = R_x\sqrt{2E_x\Delta t}$$

式中：R_x 为随机数，在（−1, 1）并且满足均值为 0、方差为 1 的标准正态分布；E_x 为 x 方向的紊动扩散系数。

式（6.23）还可以进一步表示为

$$x_{\text{new}} = x_{\text{old}} + \left(u + \frac{\partial E_x}{\partial x}\right)\Delta t + R_x\sqrt{2E_x\Delta t}$$

可以看出利用随机游走模型模拟颗粒运动时，需要确定的参数主要是水流流速及扩散系数。通常水流流速是可以利用仪器测量或根据水文条件得到，而水流中的扩散系数则需要通过经验公式来求取。下面介绍一些经典的扩散系数公式。

6.1.3　纵向离散系数

Fischer 等[145]认为，当水流中有污染物时，随着水流向下游的输移，污染物会在纵向、横向和垂向上与水流混合。当污染物和水流在一个控制断面上完成较为均匀的混合后，污染物的纵向扩散将成为随后的污染物输移中最关键的机理。

在研究初期，得到较为广泛使用的是结合泰勒理论得到的一维菲克扩散方程，方程如下：

$$A\frac{\partial C}{\partial t}=-UA\frac{\partial C}{\partial x}+\frac{\partial}{\partial x}\left(K_{*}A\frac{\partial C}{\partial x}\right) \tag{6.31}$$

式中：A 为过水断面面积；C 为该过水断面的污染物平均浓度；U 为过水断面平均流速；K_{*} 为离散系数；t 为时间；x 为水流方向。

由式（6.31）可以看出，通过给定水流的初始条件和边界条件，在均匀流情况下，给定扩散系数的值便可以得到完整的污染物输移结果。初始条件和边界条件一般由水流情况和河道因素确定，要得到准确的污染物输移结果，给定扩散系数是十分关键的。因此，在多年的混合与扩散研究中，许多学者就纵向扩散系数的确定给出了不同的方法。

Taylor[146-147]在 1953 年、1954 年通过长直圆管实验，首先对层流和紊流的离散问题进行了分析。Elder[148]最早于 1959 年应用泰勒的方法分析了二维明渠均匀流的离散问题，得到了纵向离散系数为

$$K_{*}=5.93Hu_{*} \tag{6.32}$$

式中：H 为总水深；u_{*} 为摩阻流速。

Elder 的公式适用于规则的二维明渠，由于公式结构简单，受到了广泛的应用。虽然该公式在天然河道和不规则明渠中不能够直接加以使用，在后面的许多实验资料中也证明了该公式计算得到的量级是正确的。Elder 得到的理论结果相比他本人的实验结果偏小，其原因至少有两个：一是理论推导时基于各向同性的假设对于纵向紊动扩散系数估计过低；二是实验时雷诺数偏小。

随后 Fisher[149]指出，在横向上的水流纵向流速之间的差异对于纵向离散系数的确定有重要的影响，而这在 Elder 的理论中没有涉及，由此 Fisher 研究得到了一个新的离散系数公式。在同一个过水断面中，Fisher 对纵向流速从横向和垂向上划分成多个区间，并假定每个区间之间的交换，设置区间的混合率，并以此积分得到纵向离散系数，公式如下：

$$D_x=-\frac{1}{A}\iint_A u'\mathrm{d}A\int_0^y\int_0^{Z(h)}u'\mathrm{d}z\mathrm{d}y \tag{6.33}$$

式中：u' 为断面平均流速的导数；y 为横向距离；z 为垂向距离。但是由于该公式的使用条件较为复杂，1968 年 Fisher[149]推出了较为简易的公式

$$K_{*}=0.011\frac{U^2W^2}{Hu_{*}} \tag{6.34}$$

式中：W 为过水断面宽度；U 为断面平均流速；H 为总水深。该公式的参数只需采用断面平均值，易于使用。

此外，许多学者还提出了不同的离散系数公式，如下。

McQuivey 和 Keefer 的公式[150]

$$K_{*}=0.058\frac{HU}{S_{*}} \tag{6.35}$$

式中：S_{*} 为能坡。

Liu 公式[151]：

$$K_{*}=\beta\frac{U^2W^2}{Hu_{*}} \tag{6.36}$$

式中：β 为无量纲系数，表示河道断面形态和流速分布的关系。β 的取值为

$$\beta = 0.018\left(\frac{u_*}{U}\right)^{1.5} \tag{6.37}$$

Magazine 等公式[152]：

$$\frac{K_*}{RU} = 75.86\Delta^{-1.632} \tag{6.38}$$

式中：R 为水力半径；Δ 为一个综合考虑糙率和阻塞效应影响的广义粗糙度，其取值为

$$\Delta = 0.4\frac{u_*}{U} \tag{6.39}$$

Asai 等公式[153]：

$$\frac{K_*}{Ru_*} = 2.0\left(\frac{W}{H}\right)^{1.5} \tag{6.40}$$

随后 Seo 和 Cheong[154]结合多种影响离散系数的因素建立了一个新的公式，他们认为纵向离散系数的影响因素包括流体密度、流体动力黏度系数、断面平均流速、摩阻流速、断面总水深、水面宽度、河床形状及弯曲情况。考虑到天然河道的河床形态难以统一，且雷诺数的影响可以忽略，可以通过无量纲的分析方法首先确定离散系数公式，其形式为

$$\frac{K_*}{Hu_*} = f\left(\frac{U}{u_*}, \frac{W}{H}\right) \tag{6.41}$$

结合实测数据，利用一步法回归得到了最终的形式为

$$\frac{K_*}{Hu_*} = 5.915\left(\frac{W}{H}\right)^{0.620}\left(\frac{U}{u_*}\right)^{1.428} \tag{6.42}$$

此外还有学者研究了适用于弯曲型河道中的离散系数公式，如槐文信公式[155]：

$$\frac{K_*}{HU} = 0.05\left(\frac{B}{H}\right)^{2} \tag{6.43}$$

6.1.4　垂向离散系数

在 Elder[148]推导纵向离散系数的过程中，若认为水流处于各向同性的紊动状态，垂向扩散系数 E_z 可以按照雷诺比拟来确定，最后得

$$E_z = 0.067Hu_* \tag{6.44}$$

Rijn[156]提出了垂向扩散系数形式如下：

$$E_z(z) = \beta\kappa u_* z\left(1 - \frac{z}{H}\right) \tag{6.45}$$

式中：κ 为卡门常数；β 为表征粒子与流体质点扩散不同步的参数，其取值为

$$\beta = 1 + 2\left(\frac{\omega_s}{u_*}\right)^2, \quad 0.1 < \frac{\omega_s}{u_*} < 1 \tag{6.46}$$

6.1.5 横向离散系数

河流系统中水生植被可以通过多种方式来影响水环境过程，水生植物在水中形成的空间不均匀的流场可以影响溶质粒子及悬浮微粒的纵向和横向输运过程。影响的粒子包括营养盐、化学污染物、生物激素及泥沙颗粒。同时，水生植被的存在会影响水流的紊动强度及结构，这反过来又会影响植被表面瞬时边界层的厚度及水流中生物体的附着过程[121]。

Fischer 等[145]研究中横向离散系数可以表达为

$$D_y = \frac{1}{2}\frac{\mathrm{d}\sigma_y^2}{\mathrm{d}t} = \frac{1-P_i}{2}[(\Delta y_n)^2/\Delta t]^2 + \frac{P_i}{2}[(\Delta y_c)^2/\Delta t]^2 \tag{6.47}$$

式中：右边第一项表示漂浮颗粒在自由水流中的横向离散系数 D_{yn}；第二项表示发生碰撞事件后漂浮颗粒在茎杆后尾流区域内的横向离散系数 D_{yc}，该系数与尾流区内速度亏损量和尾流区域尺度相关。事实上，在茎杆密度相当时，为便于计算，D_{yn} 相对于 D_{yc} 是可以忽略的。

6.2 风动力作用下的种子漂移

假定漂浮种子在静水或缓流中的时均运动速度为 $\boldsymbol{U}_s$，由于风应力在水体表面发展的动力学过程的影响，浮力种子的运动速度与周围流体的速度并不同步，因而会在两者之间产生一个滑移速度。漂浮颗粒的位置矢量可以简单地描述为时间变量的函数：

$$\boldsymbol{S}(t) = \boldsymbol{S}(t_0) + \int_{t_0}^{t} \boldsymbol{U}_s(t)\mathrm{d}t \tag{6.48}$$

式中：t_0 为漂浮种子的初始计算时间。在静水或缓流水体中，风速和风向会直接决定风生表面流 $\boldsymbol{U}_s$。运用中心近似理论，式（6.48）可改写为

$$\boldsymbol{S}^{n+1} = \boldsymbol{S}^n + \Delta t \boldsymbol{U}_p \tag{6.49}$$

式中：Δt 为风动力漂移模型中的时间步长，其取值与风场时变特性相关；上标 n 和 n+1 为时间步长记数；$\boldsymbol{U}_p$ 为漂浮颗粒在一个时间步长Δt 内的特征输运速度。考虑到风力对于漂浮种子露出水面部分的直接驱动作用、风生表面流及风生波对于漂浮种子淹没在水体部分的作用，$\boldsymbol{U}_p$ 可以表述为

$$\boldsymbol{U}_p = \boldsymbol{U}_b + \alpha_{0.1}\boldsymbol{U}_{0.1} \tag{6.50}$$

式中：$\boldsymbol{U}_{0.1}$ 为特征风速；$\alpha_{0.1}$ 为相应的风压差系数，该系数直接取决于漂浮种子的物理特征。以往的文献在确定风压差的研究方面比较稀少，主要集中在海事救生及事故船只漂移预测中[17]。漂浮在水面的救生圈的风压差值一般给定为 0.036，附带小型桅杆的浅水漂浮物的风压差值给定为 0.008，其特征风速为距水面 10 m 处的风速。Richardson[157]简单地推导了一个描述漂浮物体的风压差公式：

$$\alpha = \sqrt{\rho_a c_{d,a} A_a / \rho_w c_{dw} A_w} \tag{6.51}$$

但是这些公式的推导仅仅基于尺度较大或者露出水面部分占主导作用的漂浮物体，对于尺度比较小或者形状不规则的漂浮种子并不适用。如图 6.1 所示，漂浮在水面的植物繁殖体颗粒在考虑水流、风力及波浪作用下的基本的运动守恒方程为

$$m_p \partial \boldsymbol{U}_p / \partial t + m_p f_* \boldsymbol{k} \times \boldsymbol{U}_p = \boldsymbol{F}_a + \boldsymbol{F}_w + \boldsymbol{F}_c \tag{6.52}$$

式中：m_p 为漂浮种子的质量；f_*为科里奥利参数；$\boldsymbol{k}$ 为垂向的单位向量；$\boldsymbol{F}_a$ 为风作用在挺水部分的驱动力；$\boldsymbol{F}_w$ 为水流作用在淹没部分的阻力；$\boldsymbol{F}_c$ 为水平方向上的波浪反射力。

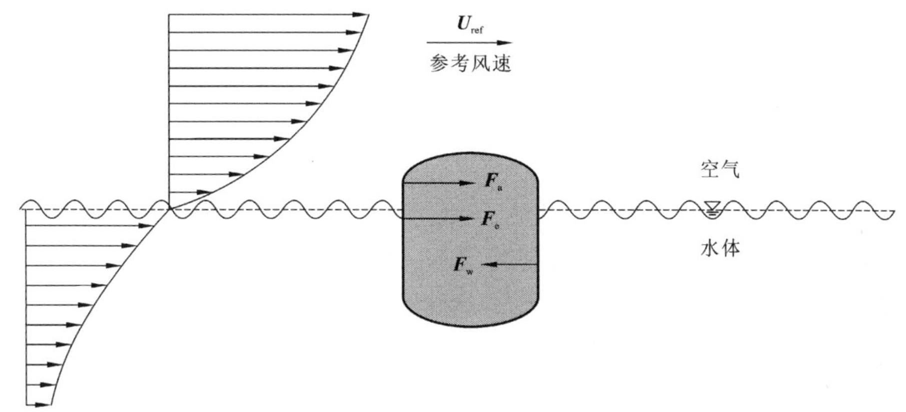

图 6.1　静水或缓慢流动的水体中漂浮颗粒在风力作用下动力处于平衡状态的示意图

对于漂浮在静水或缓慢流动水体上的种子颗粒，可以认为其在确定时间步长内是稳态的。式（6.52）可以简写为

$$\boldsymbol{F}_a + \boldsymbol{F}_w + \boldsymbol{F}_c = m_p f_* \boldsymbol{k} \times \boldsymbol{U}_p \tag{6.53}$$

其中

$$\boldsymbol{F}_a = 0.5 \rho_a C_{da} A_s | \boldsymbol{U}_{b/2} - \boldsymbol{U}_p | (\boldsymbol{U}_{b/2} - \boldsymbol{U}_p) \tag{6.54}$$

式中：$\boldsymbol{U}_{b/2}$ 为漂浮颗粒突出水面部分的中心处的风速；C_{da} 为风作用下的拖曳力系数。$\boldsymbol{F}_w$ 为作用在漂浮颗粒淹没部分的水流拖曳力，该拖曳力的值与漂浮颗粒和水流之间的滑移速度的平方成正比：

$$\boldsymbol{F}_w = 0.5 \rho_w C_{dw} \int_0^{h_d} \beta(h) \left| \boldsymbol{U}_h - \boldsymbol{U}_p \right| (\boldsymbol{U}_h - \boldsymbol{U}_p) \mathrm{d}h \tag{6.55}$$

式中：C_{dw} 为漂浮颗粒在水流作用下的拖曳力系数；$\beta(h)$为漂浮颗粒淹没部分距自由水面 h 处的宽度；$\boldsymbol{U}_h$ 为相应位置的时均流速。Longuet-Higgins[158]认为单位长度上风生波作用在漂浮颗粒上的水平飘移力不仅与其相作用的波浪振幅相关，也与反射和衍射的波浪振幅相关。在低风速条件下，值得考虑的水平飘移力是由完全反射的表面微幅波引起的，可近似地描述为

$$F_r = 0.25 \rho_w g a_w^2 B_L \tag{6.56}$$

式中：B_L 为漂浮颗粒垂直于波浪方向的等效宽度，$B_L = \int_0^{h_d} \beta(h) \mathrm{d}h / h_d$；$a_w$ 为入射波浪振

幅。在低风速条件下，特征波浪高度可以认为与吹程无关，且与特征风速呈线性正相关[159]，$a_{\mathrm{w}}=k_{\mathrm{aw}}U_{z=0.1\,\mathrm{m}}$，其中 k_{aw} 为比例系数。为了简化计算，式（6.52）中 $f\sim O(10^{-4})$，因此科里奥利力对比其他作用效果是可以忽略的。同时，漂浮颗粒迎流面的淹没面积占比是颗粒运动守恒中最为重要的参数，其定义为

$$\delta_{\mathrm{a}}=S_{\mathrm{w}}/(S_{\mathrm{a}}+S_{\mathrm{w}}) \tag{6.57}$$

式中：S_{a} 与 S_{w} 分别为漂浮颗粒在空气中及水体中的迎流面积。同时假设 $D_{\mathrm{H}}=S_{\mathrm{w}}/B_{\mathrm{L}}$ 为等效深度，在恒定风速条件下，对于小粒径漂浮种子（其淹没深处于粗糙层内），式(6.52)可写为

$$(U_{D_{\mathrm{H}}}-U_{\mathrm{p}})^2S_{\mathrm{w}}\rho_{\mathrm{w}}(C_{\mathrm{dw}}+C_{\mathrm{dv}})=\rho_{\mathrm{a}}C_{\mathrm{da}}S_{\mathrm{a}}(U_{\mathrm{b/2}}-U_{\mathrm{p}})^2 \tag{6.58}$$

式中：$U_{D_{\mathrm{H}}}=U(h=D_{\mathrm{H}})$；$C_{\mathrm{dv}}$ 为由风生微幅波引起的水平飘移力的等效拖曳力系数。为便于统一分析，这里引入修正参数 $k_{\mathrm{dp}}=C_{\mathrm{da}}/(C_{\mathrm{dw}}+C_{\mathrm{dv}})$，因此式（6.58）可改写为

$$U_{\mathrm{p}}=\frac{U_{\mathrm{b/2}}k_{\mathrm{dp}}\rho_1(1-\delta_{\mathrm{a}})\delta_{\mathrm{a}}+U_{D_{\mathrm{H}}}}{1+k_{\mathrm{dp}}\rho_1(1-\delta_{\mathrm{a}})\delta_{\mathrm{a}}} \tag{6.59}$$

式中：$\rho_1=\rho_{\mathrm{a}}/\rho_{\mathrm{w}}$，为同等条件下空气与水的密度比。

以直径为 0.4 cm、0.6 cm、0.8 cm 及 1.0 cm 的木质球体（与 4.4 节所述一致）来标定参数 k_{dp}。图 6.2 给出了不同特征风速条件下不同直径的漂浮颗粒的输运速度变化规律，左上插图为由实验数据结合式（6.59）所求得的修正参数 k_{dp} 与风生表面流速之间的变化关系。可知，不同直径的漂浮颗粒的 k_{dp} 差别并不明显，可近似认为与风生表面流速呈线性正相关关系，可表示为

$$k_{\mathrm{dp}}=1.7158-7.715U_{\mathrm{s}} \tag{6.60}$$

拟合相关系数 $R^2=0.929$。

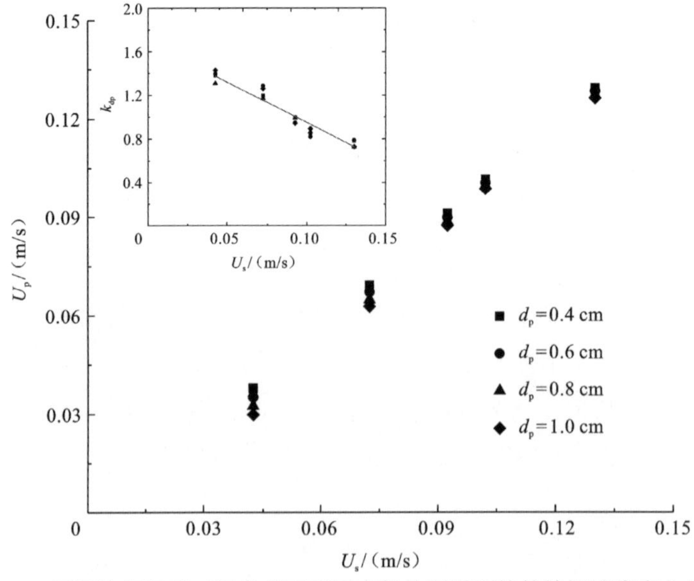

图 6.2　不同特征风速工况条件下不同直径的漂浮颗粒的输运速度变化关系

这一估算结果会应用于真实漂浮种子的输运模型中。对于尺寸介于毫米至厘米级的真实种子，修正参数对特征风速值更为敏感。本章共采用了 11 种不同的植物种子进行实验，不同风速工况条件下的输运速度与表面流速的测量方法是相同的，均是通过测量漂浮种子通过长度为 2.0 m 的风速稳定区所需时间来计算其漂流输运速度。

图 6.3 给出了不同风速条件下实测的漂流输运速度（散点）及模拟值（实线），结果表明模拟效果较好。结合式（6.50），实验确定的风压差系数如图 6.4 所示，编号 1～11 分别表示再力花、野牛草、元宝槭、菖蒲、香榧、向日葵、非洲菊、蓝花矢车菊、火焰树、油杉及狼尾草，其对应的形状分型及相关参数见表 2.7。分析结果显示，带有附属物型的种子颗粒的风压差系数相对较大，其漂流输运速度也更大；对于相同形状分型的繁殖体颗粒，其风压差系数与颗粒密度大致呈负相关。

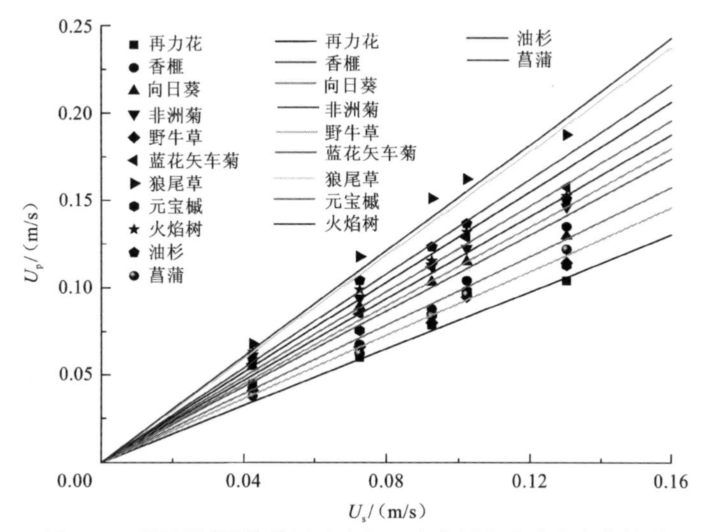

图 6.3　不同漂浮颗粒输运速度与风生表层水流速度变化关系

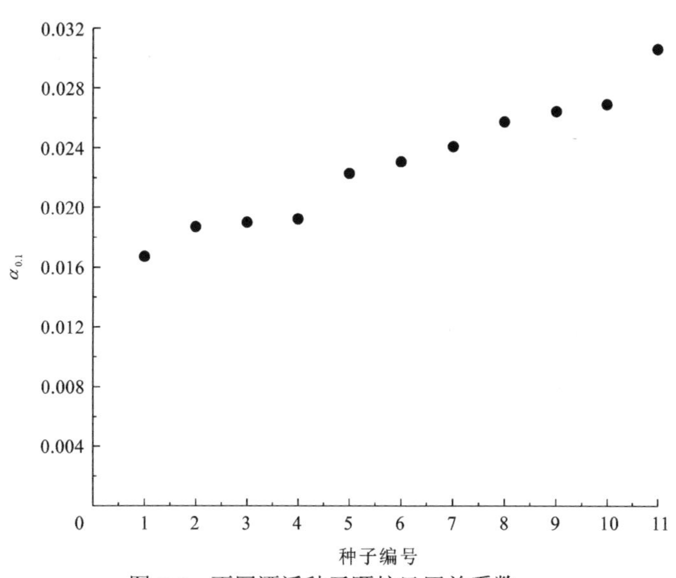

图 6.4　不同漂浮种子颗粒风压差系数$\alpha_{0.1}$

6.3 漂浮种子的随流迁移

6.3.1 二维随机游走模型模拟的粒子随流运动

利用式（6.30）模拟粒子团中每个粒子的随流扩散运动，考虑平面二维情况，粒子 i 在 x 方向和 y 方向上从 $t=n\Delta t$ 到 $t=(n+1)\Delta t$ 的位移方程为

$$\begin{cases} x_i^{n+1}=x_i^{n}+\left(u+\dfrac{\partial E_x}{\partial x}\right)\Delta t+R_1\sqrt{2E_x\Delta t} \\ y_i^{n+1}=y_i^{n}+\left(v+\dfrac{\partial E_y}{\partial x}\right)\Delta t+R_2\sqrt{2E_y\Delta t} \end{cases} \tag{6.61}$$

式中：u 和 v 分别为纵向和横向的水流流速；E_x 和 E_y 分别为纵向和横向的紊动扩散系数；R_1 和 R_2 为满足标准正态分布且相互独立的随机数。

假设每个粒子的质量为 1，则所有粒子质量和 M 在数值上等于粒子数量 N。若 t 时刻某单元水体含有的粒子个数为 n，则粒子在 t 时刻的浓度分布为

$$C_j^{n}=\frac{n}{\Delta v}$$

式中：j 为该单元水体的编号；Δv 为该单元的体积。

由此可通过式（6.30）得到某时刻 t 的粒子空间分布及其随流沿程浓度分布变化。

下面介绍利用在纵向及垂向上的天然河道二维随机游走模型来模拟实验所用粒子的随流运动。在天然河道水体中，流体质点的直径往往远小于在其中运动的颗粒，所以在模拟时需要结合颗粒的物理特性及河道的水动力条件来合理化颗粒运动的物理过程。对于在明渠剪切流中的悬浮粒子，当粒子密度与水密度相近时，在水体中的跟随性较好，且密度越接近，与水流的扩散系数差值越小，在随流扩散的过程中可以忽略弛豫时间，此时可以认为粒子的扩散系数与流体扩散系数相同[160]。由于本书研究的粒子密度与水密度接近，模拟时假设粒子拥有较好的跟随性，继而可以通过水流的扩散系数来建立粒子运动模型。

水流中的扩散包括分子扩散及紊动扩散，前者是分子无规则运动引起的物质迁移现象，后者则是在水体中由于脉动流速引起的物质迁移现象。通常紊动扩散系数远大于分子扩散系数，所以在研究中有时可以忽略后者。

根据颗粒的两相流理论，植物种子的体积与河道水流相比微乎其微，所以种子随流输移的运动可视为稀相流动，即认为水流是单方面对种子产生作用的。圆木球和圆柱形木条的随流输移运动也如此，此时可以忽略粒子之间的碰撞。

由于天然河道水流具有流速梯度，且不满足各向同性的紊流条件，这种剪切紊流模型的随流游走方程可以设置为

$$\begin{cases} x_i^{n+1} = x_i^n + \left(u + \dfrac{\partial E_x}{\partial x}\right)\Delta t + R_1\sqrt{2E_x\Delta t} \\ z_i^{n+1} = z_i^n + \left(\dfrac{\partial E_z}{\partial x} - w_s\right)\Delta t + R_2\sqrt{2E_z\Delta t} \end{cases} \tag{6.62}$$

本节研究的 5 种粒子在形状上各不相同。由于假设粒子有较好的跟随能力，要多加考虑的是颗粒沿垂向的速度。结合颗粒的形状系数，可以利用前几章节介绍的内容来求颗粒形状系数和沉降速度。

流速分布公式采用

$$u(z) = \frac{u_*}{\kappa}\ln\left(\frac{30z}{k_s}\right) \tag{6.63}$$

纵向扩散系数取

$$E_x = 0.6Hu_* \tag{6.64}$$

垂向扩散系数取

$$E_z = 0.067Hu_* \tag{6.65}$$

为了防止粒子运动离开水面或穿越床面，给定如下边界条件：

$$\begin{cases} z_{\text{new}} = -z_{\text{old}}, & z_{\text{old}} \leqslant 0 \\ z_{\text{new}} = 2H - z_{\text{old}}, & z_{\text{old}} > 0 \end{cases} \tag{6.66}$$

对模型进行检验，测量实验时的条件为：水深 $H = 0.3$ m，水面宽度 $W = 0.3$ m，纵向底坡 $S=0.002$；$k_s=0.001$ m；$\kappa=0.41$；时间步长为 $\Delta t=1$ s。以睡莲种子作为模型实验的粒子，粒子数均为 $N=500$，采用 $F_s=\phi$时的沉降速度公式来模拟植物种子从母株脱落到水面进入水体的初次传播，得到结果如图 6.5 所示：计算值的位置曲线在最后接近 0，而实测值的曲线介乎 0～0.05。这主要是由于计算时设定以 0 为边界条件，因而最终计算得到的值会接近 0。此外，计算值的纵向位移和纵向流速均大于实测值。因为与悬浮颗粒可以在较长时间内处于一个流速区间，并且基本保持相同的形态向下游运动不同，在水体中观察到的沉降粒子并非保持同一个迎流面运动，而是处于转动或钟摆式摆动状态，所以沉降粒子在随流输移的过程会受到剪切力作用，即使拥有较好的跟随性，其沉降速度仍与水流流速有偏差。

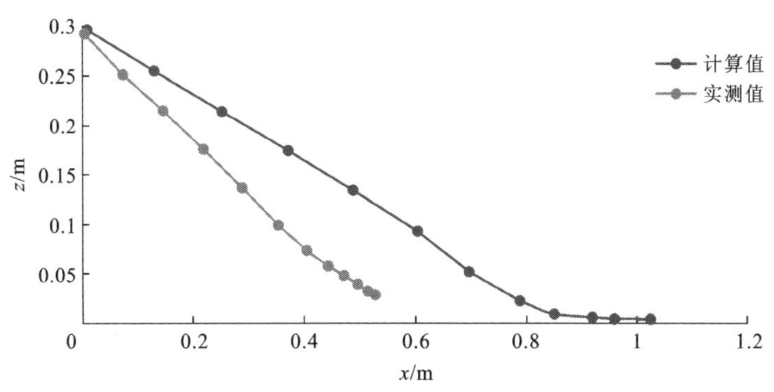

图 6.5　二维随机游走模型计算值与实测值平均位置曲线

图 6.6 为沿纵向和垂向位移的标准差与时间关系曲线。前面提到，由于粒子自身运动而受到流体剪切力的影响，其纵向位移距离较小，且粒子仍处于向下沉降与向下游输移同时进行的状态。粒子持续向下沉降，直到有粒子开始沉降到床面，个别粒子停留，个别粒子滚动或短暂跳动前进，其余粒子继续在水中输移。此时位移标准差的实测值开始迅速增大，而计算值由于纵向扩散系数的影响也增大，且增大幅度较为稳定。而后多数粒子到达床面，且床面处的水流流速小。当保持原有的计算形式模拟时，随机扩散项所起到的作用增大，粒子的位移标准差与纵向扩散系数相关。与纵向上的位移标准差变化相比，粒子在垂向上的位移标准差在初始时候相同，而后实测值增大更多。究其原因，实测粒子存在的内部形状差异导致了沉降的速度不同，而模型使用的粒子被视为同种形状，沉降速度相同。由于垂向上的位移标准差主要源于垂向扩散系数，故计算值与实测值相比更小。但是两条曲线显示的趋势相同，在随流输移足够长的距离后可以预计，实测值标准差也会由于粒子逐渐落入床面而趋于 0。

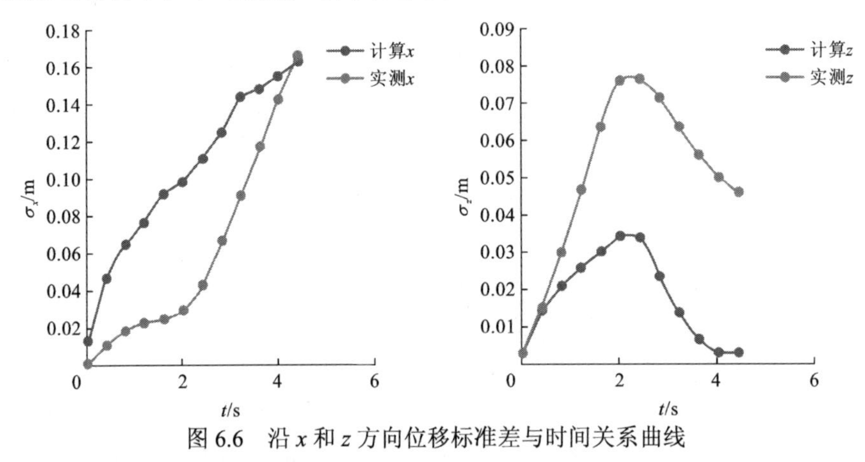

图 6.6　沿 x 和 z 方向位移标准差与时间关系曲线

总体而言，该模型能够模拟粒子的运动规律，且满足一般物理规律。但是在具体应用时仍需要考虑粒子的纵向扩散受形状及其他参数变化的影响。

6.3.2　农田排水渠中种子散播

很多情况下，我们感兴趣的并不是颗粒浓度分布这一标量，而是扩散过程的综合属性，诸如滞留时间及其变化。在这种情况下，采用拉格朗日方法是十分明智的，此时，粒子的输运过程与单个颗粒的行为直接相关。对于具有漂浮能力的植物繁殖体（异质体）在湿地系统中的输运过程，挺水植被及其他障碍物的存在是其输运及定植过程最为关键的因素。颗粒个体的运动特性及与挺水植被茎杆间的交互作用是其输移规律的关键因素之一。相比于仅仅关注强健性与可转移性较差的描述颗粒分布密度的经验性模型，了解独立颗粒的运动特性，如运动轨迹、滞留时间，会更具有价值。在此基础上采用拉格朗日方法进行研究显然是更优的选择，因此，本节主要内容为拉格朗日框架下利用随机位移方法跟踪漂浮颗粒在含挺水植被明渠水流中的运动轨迹。

正如第4章所述，挺水植被是均匀分布的，且挺水植被的存在是影响种子颗粒发生位移改变的主要因素，风应力及其他干扰因素则被忽略。本节所述颗粒跟踪模型为在3.4节所建立的尺度模型的延伸讨论。如图6.7所示，将沿水流方向具有相同密度的挺水植被区切分为长度相等的轨迹段，每个区段长度为 $S=1/\sqrt{n_{\mathrm{s}}}$ ，以序号 $i=1,2\cdots,N$ 标记区段，共 N 个区段，植被区域长度为 NS 。在确定长度区段内存在一个潜在碰撞点，且潜在碰撞点的位置服从均匀分布 $x_{\mathrm{pot},i}\sim U(0,S)$ 。当进入某个轨迹段时，漂浮颗粒以确定的时间步长（ $\Delta t=0.001\,\mathrm{s}$ ）顺流向行进，并在确定时间步长内判断颗粒是否到达碰撞点。

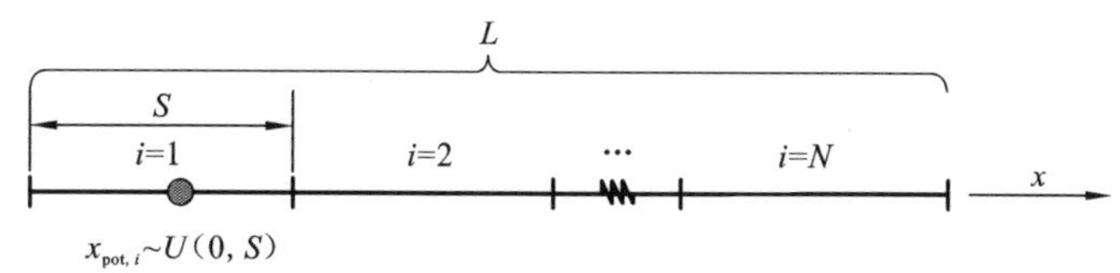

图6.7　漂浮颗粒在含刚性挺水植被明渠水流中一维随机跟踪模型示意图

如果颗粒到达潜在碰撞点（潜在碰撞点在下一个位移步长之内），种子颗粒有 P_i 的概率会与植被茎杆发生碰撞，$1-P_i$ 的概率会避开植被茎杆。模型会通过生成服从均匀分布的随机数 p 来判定其是否与茎杆发生碰撞。如果未发生碰撞事件（未到达潜在碰撞点），漂浮颗粒继续以速度 $U_{\mathrm{p}}+\Delta U$ 进行位移，其中 ΔU 为湍流扩散引起的脉动速度，这里脉动速度通过一个平均值为0，标准差为 $\sigma_U=\sqrt{2D_{\mathrm{m}}/\Delta t}$ 的高斯分布函数随机生成（其中 D_{m} 为挺水植被区的紊动扩散系数，由式（5.32）估算获得）。

如3.6节所分析的，在种子颗粒与植被茎杆碰撞事件发生后，种子颗粒会有 P_{c} 的概率被植被永久俘获，有 $1-P_{\mathrm{c}}$ 的概率被植被临时俘获。当临时俘获事件发生时，种子颗粒会经历分化明显的两种俘获时长，即种子颗粒有 P_1 的概率会经历长时间的临时俘获时长，有 $1-P_1$ 的概率会经历短时间的临时俘获时长。

$$\begin{cases}x_i^{n+1}=x_i^n+U_{\mathrm{p}}\Delta t+R\sqrt{2D_{\mathrm{m}}\Delta t}, & t<t_{\mathrm{pot},i}\\ x^{n+1}=x_i^n, & t_i^n<t<t_i^n+t_{\mathrm{r}},\quad p>P_i\\ x_i^{n+1}=x_i^n+U_{\mathrm{p}}\Delta t+R\sqrt{2D_{\mathrm{m}}\Delta t}, & t>t_i^n+t_{\mathrm{r}}\end{cases}\tag{6.67}$$

式中：t_{r} 为种子颗粒与茎杆之间碰撞事件发生后的滞留时间，相应的参数由3.6节所述而确定，程序由MATLAB语言实现。

为验证具有漂浮能力的种子在含挺水植被低流速明渠水流中的输运模型，在位于屈家岭中国农谷实验研究基地的试验稻田附近选择了一条排水渠，通过人工补水的方法模拟其排水过程。排水渠深度为80 cm，断面形式为梯形，护坡坡度为1∶1，底部宽度为40 cm，排水渠的长度约为50 m。实验中在靠近渠首8 m处投放带标记的直径为0.6 cm的木质球体颗粒，水流深度通过精度为0.1 cm的钢尺测量，断面平均流速通过旋桨流速仪测量，并在距离渠尾上游约8 m处设置收集网。排水渠测试段中主要是稗子草和少量的水葱子，植被茎杆密度通过样方调查法获得。在实际测量中，采用边长为50 cm的方形调查样方，为便于测量和计算，结合整个渠道植被生长状况，将长度约 30 m 的测试段的叶片密度由 3 个样方密度替代，如图 6.8～图 6.10 所示，在此基础上估算沿程叶片密度值，如图 6.11 所示。替代区域内叶片被假设为均匀分布的，由于叶片并不是垂直突出水面的，考虑到其朝向及叶片宽度沿展向变化，实验中测量的等效叶片直径为 0.5 cm。实验中我们布置了三种平均流速工况，用于验证的相关模型参数通过第 2 章、第 3 章研究成果进行估算，主要模型参数见表 6.1。

图 6.8　野外样方调查法所得植被密度 I，192 m^{-2}

图 6.9　野外样方调查法所得植被密度 II，448 m^{-2}

图 6.10　野外样方调查法所得植被密度 III，860 m^{-2}

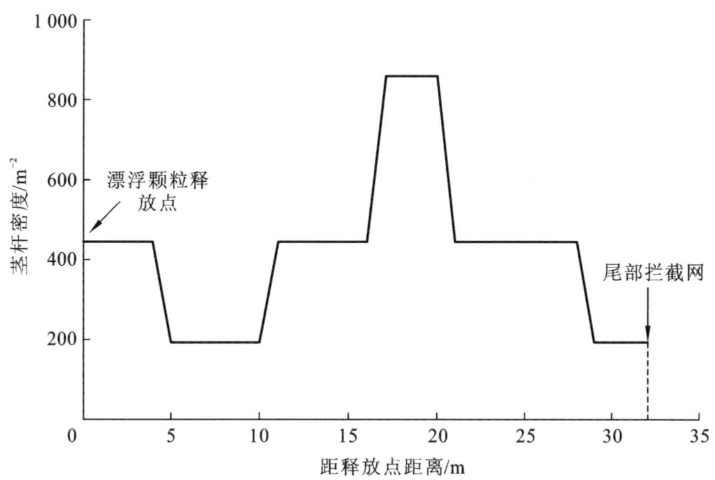

图 6.11　排水渠试验段茎杆密度与释放点距离之间的变化关系

表 6.1　农田排水渠漂浮颗粒投放实验主要模型参数

平均流速 /（m/s）	颗粒直径 /cm	颗粒密度 /（kg/m³）	P_i（I）	P_i（II）	P_i（III）	P_c	P_L	P_S
0.037 8	0.6	0.704 4	0.155 4	0.235 8	0.329	0.391 4	0.236	0.724
0.049 1	0.6	0.704 4	0.121 8	0.184 8	0.257 8	0.264 6	0.341	0.659
0.065 8	0.6	0.704 4	0.084	0.127 7	0.178 2	0.118 8	0.455	0.545

从表 6.1 中可得漂浮颗粒自投放的分布情况随时间的变化规律：在水流速度较低时，漂浮颗粒与茎杆之间的碰撞及永久俘获事件发生频率更高，漂浮颗粒团运动到稳定状态所需时间更短。对模拟结果进行分析可以认为，当水流速度为 0.0378 m/s 时，自投放开始历时约 2000 s 即可达到稳定状态，漂浮颗粒团中所有元素均处于永久俘获状态，如图 6.12（a）所示；当水流速度为 0.0491 m/s 时，自投放开始历时约 2500 s 可达到稳定状态，如图 6.12（b）所示；当水流速度为 0.0658 m/s 时，自投放开始历时约 5500 s 达到稳定状态，如图 6.12（c）所示。在实际测量时，将人工补水假设为恒定水流条件，为了尽可能减小漂浮颗粒之间的影响，300 枚模拟繁殖体颗粒被分为三组进行实验，每组颗粒在起始位置横断面上均匀释放，投放约 2 h 后对整个测试段内的漂浮颗粒位置进行记录，此时，实验所记录的漂浮颗粒团分布可认为处于稳定状态。图 6.13（a）、（b）及（c）分别为 300 枚模拟颗粒在投放后 2 h 后在不同流速工况下沿程密度分布情况。其中，流速为 0.0658 m/s 时，模拟颗粒在前三个密度区域内均有分布，且不同的植被茎杆密度反映了不同的输运能力，这与 4.2 节给出的结论是相一致的。排水沟内三种流速工况下实验记录的漂浮颗粒分布情况如图 6.14（a）、（b）及（c）所示。处理后的分布指标为漂浮颗粒沿程的累积频率，其平均输运距离分别为 0.496 m、1.038 m 及 3.525 m。如图 6.14 所示，模拟值可以很好地描述漂浮颗粒在排水沟内的分布性状，其误差可以归结为样方调查法统计的偏差，模拟的结果也可以作为 4.3 节中提出的基于碰撞及俘获事件的统计模型的验证。

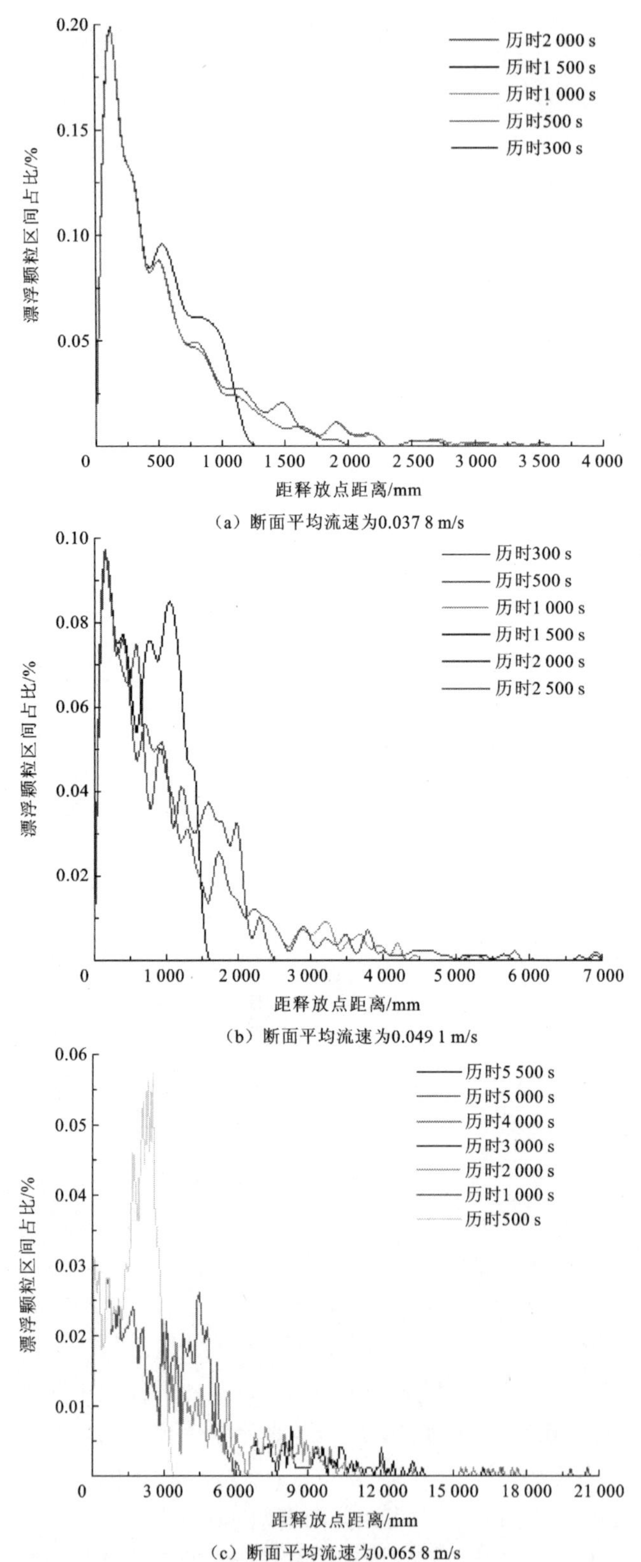

(a) 断面平均流速为0.037 8 m/s

(b) 断面平均流速为0.049 1 m/s

(c) 断面平均流速为0.065 8 m/s

图 6.12 漂浮颗粒分布规律与自投放始经历时间变化关系

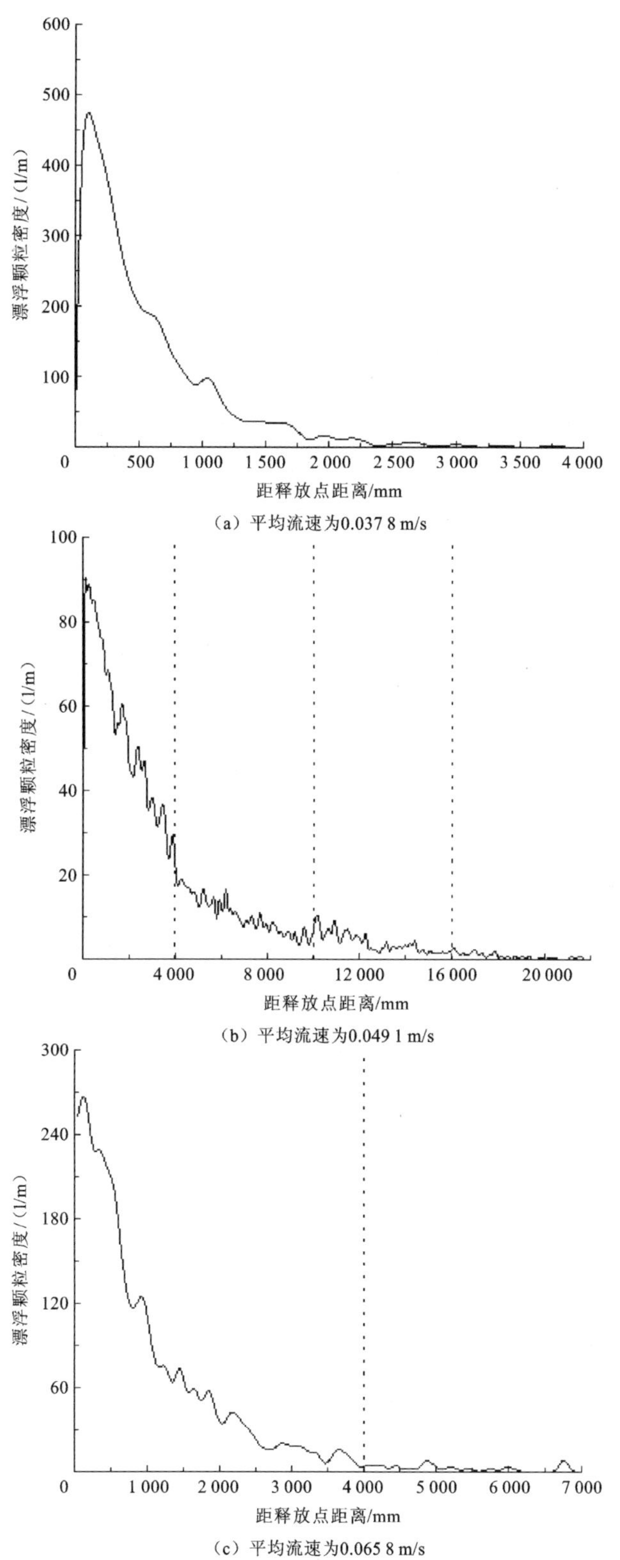

(a) 平均流速为0.037 8 m/s

(b) 平均流速为0.049 1 m/s

(c) 平均流速为0.065 8 m/s

图 6.13　漂浮颗粒密度与自投放点距离变化关系

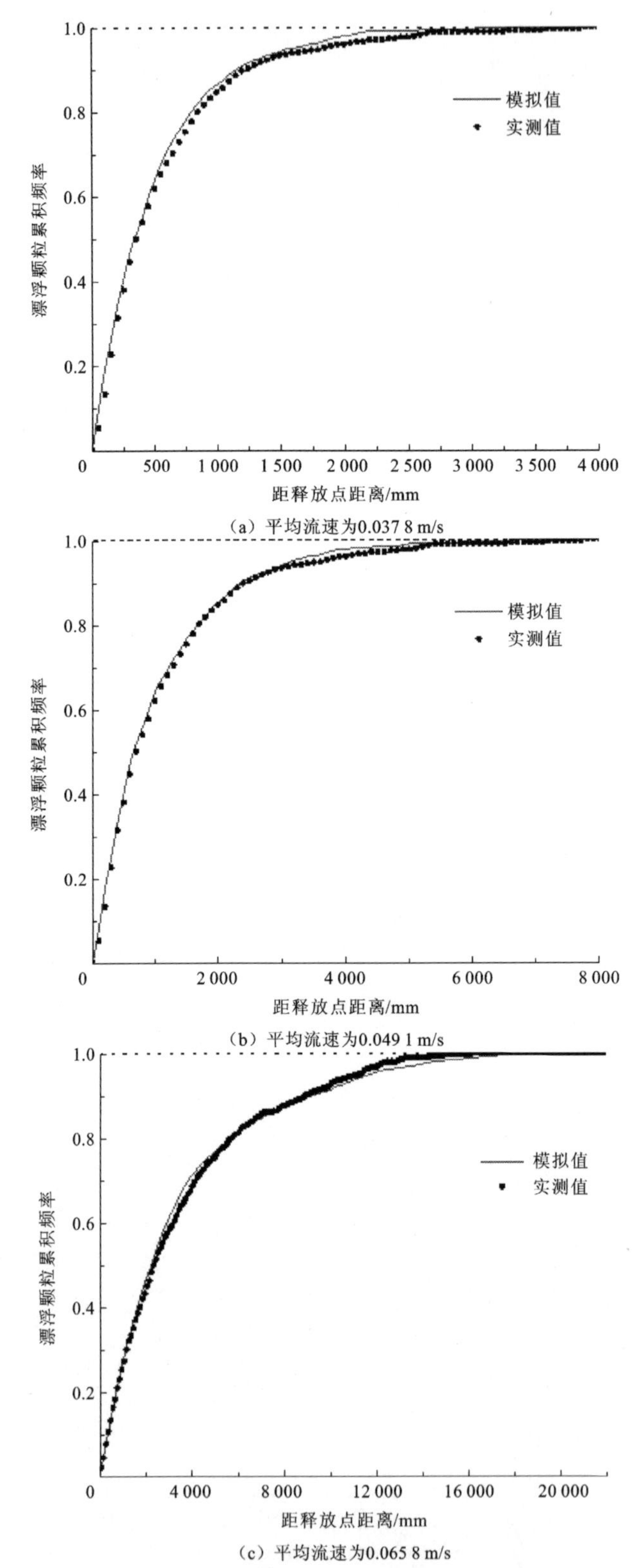

（a）平均流速为0.037 8 m/s

（b）平均流速为0.049 1 m/s

（c）平均流速为0.065 8 m/s

图 6.14　漂浮颗粒沿程累计频率模拟值与实测值对比

6.3.3　二维河道中的种子散播

对于过水面积较小的排水渠、溪流及水流速度缓慢的人工水道，水体中存在的挺水植被是导致具有漂浮能力的繁殖体颗粒滞留及截留的主要原因。对于大流量河渠，河岸植被带及由于河道形态变化产生的浅滩及滞留区是繁殖体颗粒截留及沉积的主要区域[161-162]。具有漂浮能力的繁殖体颗粒在岸边植被区域中的横向离散过程是决定其与主流输运区域交换的主要因素。在研究漂浮颗粒在湿地系统内散播过程中的总量分析时，需要关注漂浮颗粒在植被区中截留、沉积，以及与主流区域的交换过程。

如图 6.15 所示，漂浮颗粒自进入含植被茎杆的明渠水流中后以速度 U_p 进行输运。在较小的时间间隔 Δt 内，颗粒横向位移的方向具有等可能性。在与茎杆发生碰撞后，漂浮颗粒会进入茎杆后尾流区域内，其横向位移的大小记为 Δy_c，在未发生碰撞事件的片段内，其横向位移记为 Δy_n，则其单位时间步长内随机位移表达式可表示为

$$y_{\text{new}} - y_{\text{old}} = \begin{cases} +\Delta y_n, & (1-P_i)/2 \\ -\Delta y_n, & (1-P_i)/2 \\ +\Delta y_c, & P_i/2 \\ -\Delta y_c, & P_i/2 \end{cases} \tag{6.68}$$

其中：“+”表示坐标系内正方向。在经历足够的时间步长后，漂浮颗粒的横向位置可以通过高斯分布模型表达，如果以颗粒初始进入植被阵列的位置为原点，其横向位移方差为

$$\sigma_y^2 = (1-P_i)N(\Delta y_n)^2 + P_i N(\Delta y_c)^2 \tag{6.69}$$

式中：$N = t/\Delta t$，为运动的时间步长次数。在 N 足够大时，可认为颗粒位移是一个菲克扩散过程，其横向位移方差随时间序列线性增加。

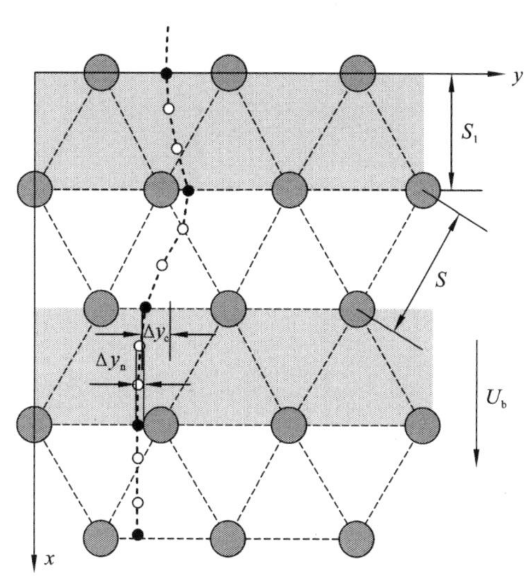

图 6.15　漂浮颗粒穿过含挺水植被茎杆的明渠水流的俯视图

灰色实心球为植被茎杆，小白色空心点为时间步长，水流方向为自上而下

Nepf 等[163]认为当 $Re_d > 200$ 时，附着在茎杆背面的尾涡才开始脱落。在稀疏排列的圆柱体群中，这个结论是否还能成立于密集排列的圆柱体群中仍值得怀疑。从作用机理上，当水流穿过一个圆柱体集群，在低雷诺数条件下，黏性作用占主导；当尾涡效应开始大量出现时，黏性作用和惯性作用共同主导；在尾涡开始脱落或者湍流流态起主要作用时，惯性作用开始占主导。考虑由于植被的存在导致的水流动量损失，单位长度植物茎杆所受的阻力为

$$f_D = \rho_w U_b \int (U_b - U_y) \mathrm{d}y \tag{6.70}$$

式中：U_y 为纵向流速在横向上的分布值，积分是沿着横向的一个断面积分进行的。为了便于分析，我们在近尾涡区域内确定一个特征断面，该断面上的特征尾涡宽度为 B_w，特征流速损失为 U_f。因此，f_D 可以表示为

$$f_D \propto \rho_w U_b U_f B_w \tag{6.71}$$

Coutanceaua 和 Bouard[164]通过图像显示技术测试了尾流区域的几何特征，并得到了特征尾涡宽度与 $R_d S$ 呈正比的结论。一般而言，在引入拖曳力系数后，f_D 可被描述为一个关于 U_b 的二次函数形式：

$$f_D = 0.5 C_{ds} S \rho_w U_b^2 \tag{6.72}$$

综合考虑式（6.71），植被引起的拖曳力系数与尾流区特征速度亏损值、特征宽度及茎杆间距的关系可以表示为

$$C_{ds} \propto U_f B_w / (U_b S) \tag{6.73}$$

当水流绕过特定的植被茎杆时，根据物质通量守恒原则，认为纵向流速损失与横向流速增加呈正相关关系，且横向流速的发展受到下游茎杆的限制。因此，特定茎杆诱发的横向流速可以表示为

$$V_i \propto \frac{B_w}{d_s} U_f \propto C_{ds} U_b \frac{S}{d_s} \tag{6.74}$$

此外，在输运过程中，漂浮颗粒在每个轨迹片段内的时间尺度为 d_s/U_b，因而可以考虑漂浮颗粒在发生独立的碰撞事件时的偏向位移为

$$\Delta y_c \propto C_{ds} S \tag{6.75}$$

式中：$C_{ds}S$ 为特定漂浮颗粒在单个碰撞事件发生后特征横向位移参数。本节布置实验对上述推导结论进行核实与验证，实验探究在 6 个流速工况下，直径为 0.6 cm 的木质球体在茎杆密度为 1366 m^{-2} 的含刚性植被明渠水流中的输运规律，实验主要参数见表 6.2，实验布置与 5.2 节中的实验是相同的，且图像数据提取方法与 5.2 节所述是相一致的。图 6.16 给出了漂浮颗粒与植被茎杆相碰撞后横向偏移位移 Δy_c 与位移参数 $C_{ds}S$ 之间的变化规律，植被拖曳力系数 C_{ds} 取值由式（3.26）所确定，图中散点为所得数据算数平均值，误差棒分别为所提取横向位移的上下限值，每个流速工况下读取目标区域内约 50 条输运轨迹。横向偏移位移 Δy_c 近似认为与特征横向位移参数 $C_{ds}S$ 呈线性正相关关系，该变化规律表示为

表 6.2　本节水槽实验设置主要参数

U_b/（m/s）	Re_d	S/cm	n_s/m^{-2}	d_s/cm	ε	实验颗粒
0.014 8	118.4	2.706	1 366	0.8	0.038 6	0.6 cm
0.028 7	229.6	2.706	1 366	0.8	0.038 6	0.6 cm
0.042 5	340.0	2.706	1 366	0.8	0.038 6	0.6 cm
0.055 4	442.96	2.706	1 366	0.8	0.038 6	0.6 cm
0.068 7	549.68	2.706	1 366	0.8	0.038 6	0.6 cm
0.077 6	620.40	2.706	1 366	0.8	0.038 6	0.6 cm

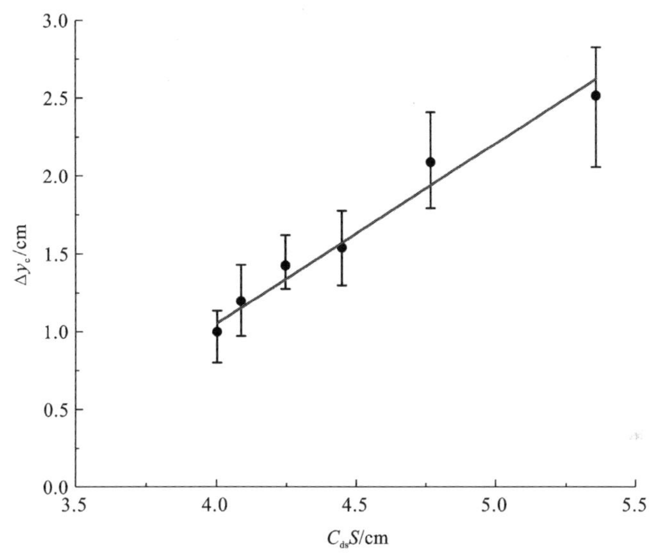

图 6.16　漂浮颗粒与植被茎杆相碰撞后横向偏移位移 Δy_c 与位移参数 $C_{ds}S$ 的变化规律

$$\Delta y_c = 1.157\,9 C_{ds} S + 3.58 \tag{6.76}$$

式（6.76）的单位为 cm，其线性关系斜率取决于漂浮颗粒惯性特征，截距取决于植被茎杆之间的间距与布置方式。

在拉格朗日框架下利用随机游走理论研究浮力种子颗粒输运过程，一方面可以通过记录不同时刻任一颗粒在流场中所处的时空位置来表征颗粒在水体中的运动轨迹，另一方面可以通过记录同一时刻所有颗粒所处的位置和数量分布以得到不同时间点水体中种子颗粒密度的时空分布，这实际上是利用了欧拉-拉格朗日混合方法。事实上，将颗粒到达特定位置的概率等价于扩散条件下该位置处的粒子密度是随机游走方法近似分子扩散理论的重要假设之一。维纳过程（布朗运动）被认为是一个正态的连续随机过程，在随机步长足够小（位移次数足够多）的前提下，可以认为随机游走是离散形式的维纳过程。

假设漂浮颗粒在长为 $L_y=200$ m，宽为 $L_x=2$ m 的含有均匀分布挺水植被（$d_s=0.8$ cm，$n_s=1366$ m^{-2}）的明渠水流中输运，如图 6.17 所示。漂浮颗粒团自坐标点（0, $L_y/2$）处零时刻开始释放，当水流速度足够大且植被茎杆之间的距离明显大于漂浮颗粒尺寸时，主流输运区内不发生截留事件（如 5.2.3 小节所述）。同时，漂浮颗粒之间的相互作用不在考虑范围内，漂浮颗粒仅在水道边缘有一定概率为茎杆所永久俘获（图 6.17 中阴影区域），其俘获概率见 4.3 节所述，这里仅考虑漂浮颗粒由于植被茎杆存在而诱发的横向离散过程。

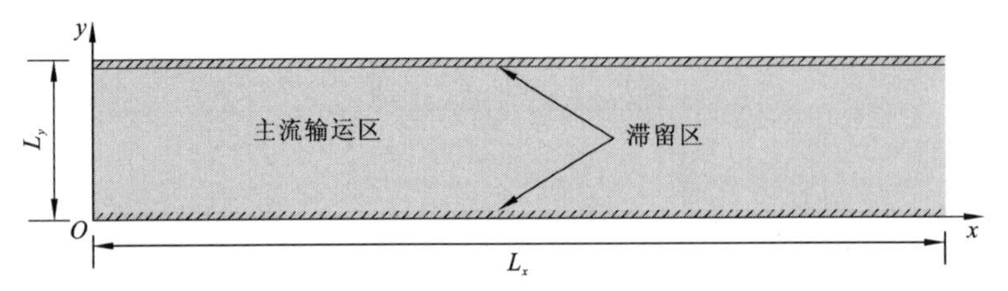

图 6.17　漂浮颗粒在含均匀分布刚性挺水植被明渠水流中输运过程

为简化计算，漂浮颗粒纵向离散相较于纵向对流是可以忽略的，其时均纵向输运速度由式（5.31）给出。模型中通过生成服从均匀分布 $U(0, 1)$ 的随机数 p 来判定其是否与茎杆发生碰撞，漂浮颗粒的位置由式（6.77）确定：

$$\begin{cases} y_{\text{new}} - y_{\text{old}} = \begin{cases} 0, & P_{\text{i}} \leqslant p \\ +\Delta y_{\text{c}}, & P_{\text{i}}/2 \leqslant p < P_{\text{i}} \\ -\Delta y_{\text{c}}, & p < P_{\text{i}}/2 \end{cases} \\ x_{\text{new}} - x_{\text{old}} = U_{\text{p}} \Delta t \end{cases} \tag{6.77}$$

在均匀分布有植被茎杆的长直河道中（河道中心宽度为 L_y-2B_s 的区域），漂浮颗粒并不会为茎杆所永久俘获，靠近河岸距离 B_s 范围的截留区内必然会发生碰撞事件，且区域内水流速度显著小于主流区，其永久俘获概率取为 P_c。故式（6.77）的边界条件可给定为

$$\begin{cases} y_{\text{new}} \equiv y_{\text{old}}, & y_{\text{old}} < S, P_{\text{c}} \leqslant p \\ y_{\text{new}} = y_{\text{old}} + \Delta y_{\text{c}}, & y_{\text{old}} < S, P_{\text{c}} > p \\ y_{\text{new}} \equiv y_{\text{old}}, & L_y - S < y_{\text{old}}, P_{\text{c}} \leqslant p \\ y_{\text{new}} = y_{\text{old}} - \Delta y_{\text{c}}, & L_y - S < y_{\text{old}}, P_{\text{c}} > p \end{cases} \tag{6.78}$$

图 6.18 给出了漂颗粒团自释放后其沿河道横向分布随散播事件的变化规律，随着时间的增长，漂浮颗粒团沿横向扩散均匀并逐渐被两岸滞留区所吸收。图 6.19 给出了漂浮颗粒团沿岸截留累计分布规律，漂浮颗粒团沿岸分布规律服从高斯分布 $N(11647.5, 4509.81)$（$R^2=0.996$），其截留稳定后的沿岸截留率为 49.3%。漂浮颗粒团沿岸截留规律取决于碰撞概率 P_i、永久俘获概率 P_c 及截留区宽度 B_s，后两者取决于河道形态及河岸植被分布性状。表 6.3 给出了上述三个主要参数的敏感性分析结果，参数变

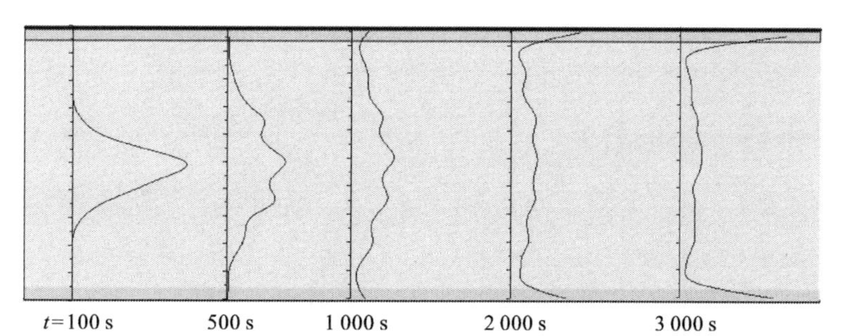

图 6.18　漂浮颗粒团自释放后其沿横向分布密度随时间序列变化规律

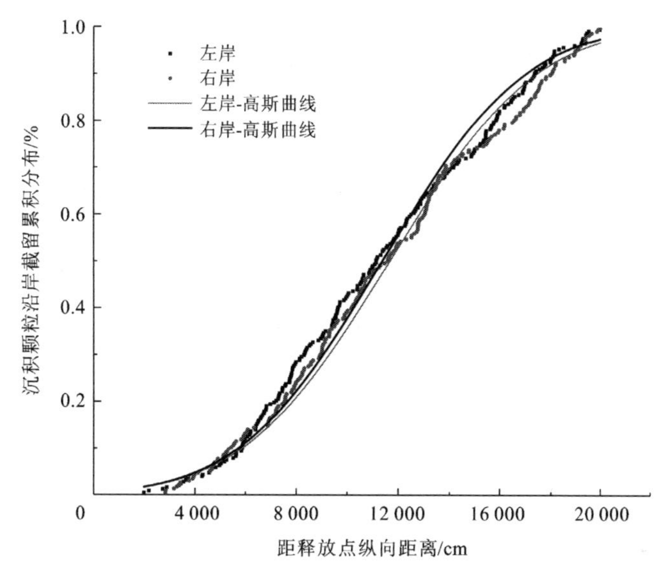

图 6.19　漂浮颗粒沿左右两岸截留累积分布规律

表 6.3　模型试验中主要参数敏感性分析

参数	基于参考值变化幅度/%	变化后参数值	特征截留率	特征截留率变化幅度/%
P_i	−66.7	0.1	0.45	−49.608 06
P_i	−33.3	0.2	0.786	−11.982 08
P_i	0	0.3	0.893	0
P_i	33.3	0.4	0.952	6.606 943
P_i	66.7	0.5	0.979	9.630 459
P_c	−66.7	0.1	0.405	−7.744 875
P_c	−33.3	0.2	0.413	−5.922 551
P_c	0	0.3	0.439	0
P_c	33.3	0.4	0.445	1.366 743

续表

参数	基于参考值变化幅度/%	变化后参数值	特征截留率	特征截留率变化幅度/%
P_c	66.7	0.5	0.462	5.239 18
B_s	−66.7	1*S*	0.45	−23.339 01
B_s	−33.3	2*S*	0.495	−15.672 91
B_s	0	3*S*	0.587	0
B_s	33.3	4*S*	0.62	5.621 806
B_s	66.7	5*S*	0.679	15.672 91

化幅度分别取为±66.7%和±33.3%。结果表明特征截留率对截留区内 P_c 并不敏感（图 6.20），河岸截留区宽度 B_s 对特征截留率的影响最为显著（图 6.21）。当主流输运区内碰撞概率 P_i 较低时，特征截留率降低最为明显（图 6.22）；而当 P_i 较大时，特征截留率的增长并不明显。上述结论对于估算漂浮颗粒在水道中的输运能力及定植规律具有一定的参考意义。在天然河道中，由地形变化及植被分布不均匀引起的主流区和截留区的位置及面积并不是确定的，其随时空变化特征同样受漂浮种子与植被茎杆的交互作用的影响，这也是漂浮种子沿河岸局部累积的主要原因。我们可以采用盒式模型，即根据碰撞概率及永久俘获概率的变化特征将河道区域划分成各个分区，每个分区被规划为碰撞概率均一的主流区，或者永久俘获效率均一的截留区，并对所有分区采用相同的离散方程进行描述，漂浮种子在空间上通过分区进行交换或者输运。

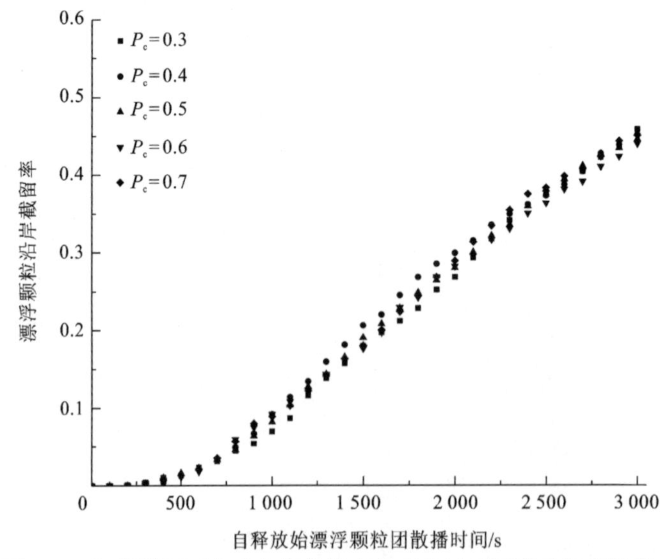

图 6.20 河岸滞留区内永久俘获概率的变化对于河岸截留率的影响

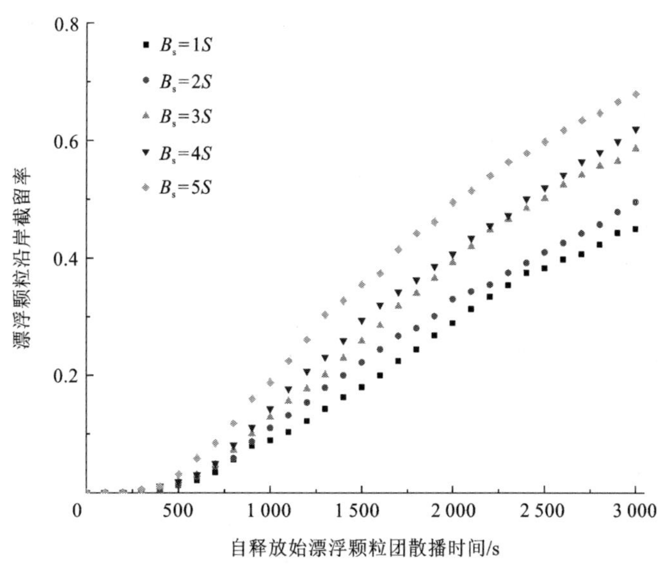

图 6.21　河岸截留区宽度变化沿岸截留率的影响

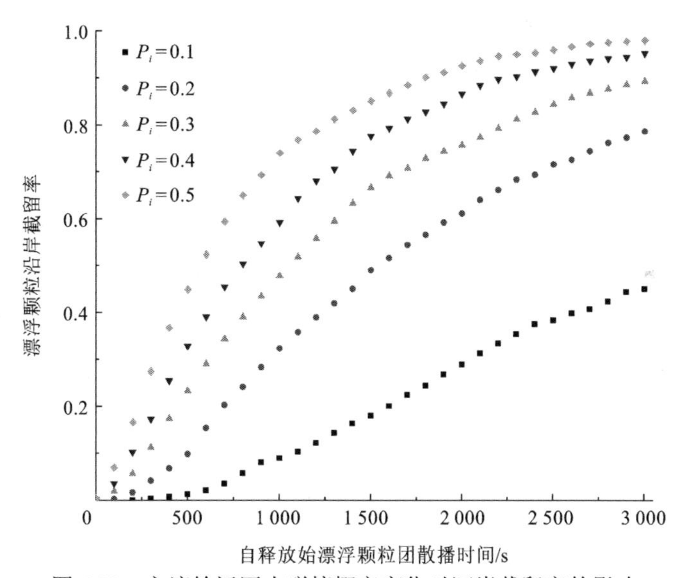

图 6.22　主流输运区内碰撞概率变化对河岸截留率的影响

参考文献 References

[1] MIDDLETON B A. Sampling devices for the measurement of seed rain and hydrochory in rivers[J]. Bulletin of the torrey botanical club, 1995, 122: 152-155.

[2] STANFORD J A, WARD J V, LISS W J, et al. A general protocol for restoration of regulated rivers[J]. Regulated rivers: research and management, 1996, 12: 391-413.

[3] POFF N L, OLDEN J D, MERRITT D M, et al. Homogenization of regional river dynamics by dams and global biodiversity implications[J]. Proceedings of the national academy of sciences of the united states of America, 2007, 104: 5732-5737.

[4] MERRITT D M, WOHL E E. Processes governing hydrochory along rivers: hydraulics, hydrology, and dispersal phenology[J]. Ecological applications, 2002, 12: 1071-1087.

[5] GUPPY R J L. The separate existence of geology as a science[J]. Geological magazine, 1906, 3(1): 47.

[6] RIDLEY H N. The dispersal of plants throughout the world[J]. Reeve ashford, 1930: 744.

[7] DAMMER P. Polygonaceenstudien. 1. die verbreitungsausrustung[J]. Englers botanische jahrbuch, 1892, 15: 260-285.

[8] PAROLIN P. Ombrohydrochory: rain-operated seed dispersal in plants-with special regard to jet-action dispersal in aizoaceae[J]. Flora(Jena), 2006, 201(7): 511-518.

[9] 陈吉泉. 河岸植被特征及其在生态系统和景观中的作用[J]. 应用生态学报, 1996(4): 439-448.

[10] 汪明娜, 汪达. 调水工程对环境利弊影响综合分析[J]. 水资源保护, 2002, 4: 10-14.

[11] 何志恒, 张全发. 南水北调中线工程对具入侵性植物传播的潜在影响评估[J]. 武汉植物学研究, 2007, 25(4): 335-342.

[12] SCHIPPERS P, JONGEJANS E. Release thresholds strongly determine the range of seed dispersal by wind[J]. Ecological modelling, 2005, 185(1): 93-103.

[13] CELLOT B, MOUILLOT F, HENRY C P. Flood drift and propagule bank of aquatic macrophytes in a riverine wetland[J]. Journal of vegetation science, 1998, 9(5): 631-640.

[14] DEFINA A, PERUZZO P. Floating particle trapping and diffusion in vegetated open channel flow[J]. Water resources research, 2010, 46(11): 3439-3445.

[15] DEFINA A, PERUZZO P. Diffusion of floating particles in flow through emergent vegetation: Further experimental investigation[J]. Water resources research, 2012, 48(3): 31-40.

[16] OSSEN C W. Uber die stokessche formel und uber eine verwandte Aufgabe in der hydrodynamik[J]. Arkiv foer mutematik, astronomi, och fysik, 1910, 9(29).

[17] MELLOR G L, YAMADA T. Development of a turbulence closure model for geophysical fluid problems[J]. Reviews of geophysics, 1982, 20: 851-875.

[18] CLIFT R, GRACE J R, WEBER M E. Bubbles, drops, and particles[M]. New York: Academic Press, 1978.

[19] 张瑞瑾. 河流泥沙动力学[M]. 北京: 中国水利水电出版社, 1998.

[20] 窦国仁. 潮汐水流中的悬沙运动及冲淤计算[J]. 水利学报, 1963(4): 15-26.

[21] 沙玉清. 泥沙运动学引论[M]. 北京: 中国工业出版社, 1965.

[22] RUBEY W W. Settling velocity of gravel, sand, and silt particles[J]. American journal of science, 1933, 25: 325-338.

[23] VAN DER PIJL L. Principles of dispersal in higher plants[M]. 3rd. Berlin: Springer, 1982.

[24] CHENG N S. Simplified settling velocity formula for sediment particle[J]. Journal of hydraulic engineering, 1997, 123(2): 149-152.

[25] WU W, WANG S S Y. Formulas for sediment porosity and settling velocity[J]. Journal of hydraulic engineering, 2006, 132(8): 858-862.

[26] CLIFT R, GAUVIN W H. Motion of entrained particles in gas streams[J]. The Canadian journal of chemical engineering, 1971, 49(4): 439-448.

[27] BAGHERI G, BONADONNA C. On the drag of freely falling non-spherical particles[J]. Powder technology, 2016, 301: 526-544.

[28] WADELL H. Volume, shape, and roundness of rock particles[J]. The journal of geology, 1932, 40(5): 443-451.

[29] BAGHERI G H, BONADONNA C, MANZELLA I, et al. On the characterization of size and shape of irregular particles[J]. Powder technology, 2015, 270(Part A): 141-153.

[30] DELLINO P, LA VOLPE L. Image processing analysis in reconstructing fragmentation and transportation mechanisms of pyroclastic deposits. The case of Monte Pilato-Rocche Rosse eruptions, Lipari(Aeolian islands, Italy)[J]. Journal of volcanology and geothermal research, 1996, 71(1): 13-29.

[31] DELLINO P, MELE D, BONASIA R, et al. The analysis of the influence of pumice shape on its terminal velocity[J]. Geophysical research letters, 2005, 32(21): 1-4.

[32] ZHANG Z, YANG J, DING L, et al. An improved estimation of coal particle mass using image analysis[J]. Powder technology, 2012, 229(6): 178-184.

[33] TAYLOR M A, GARBOCZI E J, ERDOGAN S T, et al. Some properties of irregular 3-D particles[J]. Powder technology, 2006, 162(1): 1-15.

[34] RAMANUJAN S. Modular equations and approximations to P[J]. Quartery of journal of mathematics, 1914, 45: 350-372.

[35] COX R G. The steady motion of a particle of arbitrary shape at small Reynolds numbers[J]. Journal of fluid mechanics, 1965, 23(4): 625-643.

[36] LOTH E. Drag of non-spherical solid particles of regular and irregular shape[J]. Powder technology, 2008, 182(3): 342-353.

[37] KOCH E W, AILSTOCK M S, BOOTH D M, et al. The role of currents and waves in the dispersal of submersed angiosperm seeds and seedlings[J]. Restoration ecology, 2010, 18(4): 584-595.

[38] STRINGHAM G E, SIMONS D B, GUY H P. The behavior of large particles falling in quiescent liquids[M]. Washington D. C.: US Government Printing Office, 1969.

[39] LEITH D. Drag on nonspherical objects[J]. Aerosol science and technology, 1987, 6(2): 153-161.

[40] HÖLZER A, SOMMERFELD M. New simple correlation formula for the drag coefficient of non-spherical particles[J]. Powder technology, 2008, 184(3): 361-365.

[41] DIETRICH W E. Settling velocity of natural particles[J]. Water resources research, 1982, 18(6): 1615-1626.

[42] DIOGUARDI F, MELE D. A new shape dependent drag correlation formula for non-spherical rough particles. Experiments and results[J]. Powder technology journal, 2015, 277: 222-230.

[43] KOMAR P D, REIMERS C E. Grain shape effects on settling rates[J]. Journal of geology, 1978, 86(2): 193-209.

[44] BABA J, KOMAR P D. Settling velocities of irregular grains at low reynolds numbers[J]. SEPM journal of sedimentary research, 1981, 51(1): 121-128.

[45] 张小峰, 刘兴年. 河流动力学[M]. 北京: 中国水利水电出版社, 2013.

[46] CAO Z X, PENDER G, MENG J. Explicit formulation of the Shields diagram for incipient motion of sediment[J]. Journal of hydraulic engineering, 2006, 132(10): 1097-1099.

[47] CHAMBERT S, JAMES C S. Sorting of seeds by hydrochory[J]. River research and applications, 2009, 25(1): 48-61.

[48] EGIAZAROFF I V. Calculation of nonuniform sediment concentrations[J]. Journal of hydraulic division, 1965, 91(4): 225-247.

[49] VAN DER S T, DE R D J R, BALKE T, et al. The role of wind in hydrochorous mangrove propagule dispersal[J]. Biogeosciences, 2013, 10(6): 3635-3647.

[50] SOOMERS H, KARSSENBERG D, SOONS M B, et al. Wind and water dispersal of wetland plants across fragmented landscapes[J]. Ecosystems, 2013, 16(3): 434-451.

[51] SARNEEL J M, BELTMAN B, BUIJZE A, et al. The role of wind in the dispersal of floating seeds in slow-flowing or stagnant water bodies[J]. Journal of vegetation science, 2014, 25(1): 262-274.

[52] MINAMI S, AZUMA A. Various flying modes of wind-dispersal seeds[J]. Journal of theoretical biology, 2003, 225(1): 1-14.

[53] KOWARIK I, VON DER LIPPE M. Secondary wind dispersal enhances long-distance dispersal of an invasive species in urban road corridors[J]. NeoBiota, 2011, 9: 49-70.

[54] OZINGA W A , RENÉE M B, JOOP H J, et al. Dispersal potential in plant communities depends on environmental conditions[J]. Journal of ecology, 2004, 92(5): 767-777.

[55] HELLSTROM B. Wind effect on lakes and rivers[D]. Stockholm: Royal Institude of Technology.

[56] CHURCHILL J H, CSANADY G T. Near-Surface measurements of quasi-lagrangian velocities in open water[J]. Journal of physical oceanography, 1983, 13(9): 1669-1680.

[57] WU J. Sea-Surface Drift Currents Induced by Wind and Waves[J]. Journal of physical oceanography, 1983, 13(8): 1441-1451.

[58] BELCHER S E, HARRIS J A, STREET R L. Linear dynamics of wind waves in coupled turbulent air: water flow. Part 1. Theory[J]. Journal of fluid mechanics, 1994, 271: 119.

[59] WU J. Wind-induced drift currents[J]. Journal of fluid mechanics, 1975, 68(1): 49-70.

[60] BOURASSA M A, VINCENT D G, WOOD W L. A flux parameterization including the effects of capillary waves and sea state[J]. Journal of the atmospheric sciences, 1999, 56(9): 1123-1139.

[61] RAUPACH M R. Drag and drag partition on rough surfaces[J]. Boundary-layer meteorology, 1992, 60(4): 375-395.

[62] CHEUNG T K, STREET R L. The turbulent layer in the water at an air: water interface[J]. Journal of fluid mechanics, 1988, 194(1): 133.

[63] KITAIGORODSKII S A. The dissipation subrange in wind wave spectra[J]. Geophysica, 1998, 34(3): 179-207.

[64] 纪文君. 2000. 风应力测量技术研究[J]. 海洋技术, 2000(4): 49-55.

[65] CSANADY G T. The free surface turbulent shear layer[J]. Journal of physical oceanography, 1984, 14: 402-411.

[66] CRAIG P D. Velocity profiles and surface roughness under breaking waves[J]. Journal of geophysical research, 1996, 101(C1): 1265.

[67] CHARNOCK H. Wind stress on a water surface[J]. Quarterly journal of the royal meteorological society, 1955, 81: 350.

[68] BYE J A T. The coupling of wave drift and wind velocity profiles[J]. Journal of marine research, 1988, 46(3): 457-472.

[69] PHILLIPS O M. Spectral and statistical properties of the equilibrium range in windgenerated gravity waves[J]. Journal of fluid mechanics, 1985, 156: 505-531.

[70] 李儒海. 稻麦(油)两熟田杂草子实的水流传播机制及杂草可持续管理模式的研究[D]. 南京: 南京农业大学, 2009.

[71] JOHANSSON M E, NILSSON C, NILSSON E. Do rivers function as corridors for plant dispersal[J]. Journal of vegetation science, 1996, 7(4): 593-598.

[72] YOSHIKAWA M, HOSHINO Y, IWATA N, et al. Role of seed settleability and settling velocity in water for plant colonization of river gravel bars[J]. Journal of vegetation science, 2013, 24(4): 712-723.

[73] SEIWA K, TOZAWA M, UENO N, et al. Roles of cottony hairs in directed seed dispersal in riparian willows[J]. Plant ecology, 2008, 198(1): 27-35.

[74] BILL H C, POSCHLOD P, REICH M, et al. Experiments and observations on seed dispersal by running water in Alpine floodplain[J]. Bulletin of the geobotanical institute ETH, 1999, 65: 12-28.

[75] BOEDELTJE G, BAKKER J P, BEKKER R M, et al. Plant dispersal in a lowland stream in relation to occurrence and three specific life-history traits of the species in the species pool[J]. Journal of ecology, 2003, 91(5): 855-866.

[76] GURNELL A M. Analogies between mineral sediment and vegetative particle dynamics in fluvial systems[J]. Geomorphology, 2007, 89(1-2): 9-22.

[77] JANSSON R, ZINKO U, MERRITT D M, et al. Hydrochory increases riparian plant species richness: a comparison between a free-flowing and a regulated river[J]. Journal of ecology, 2005, 93(6): 1094-1103.

[78] KRALCHEVSKY P A, NAGAYAMA K. Capillary interactions between particles bound to interfaces, liquid films and biomembranes[J]. Advances in colloid and interface science, 2000, 85(2-3): 145-192.

[79] GENNES P G D, FRANÇOISE B W, DAVID Q, et al. Capillarity and wetting phenomena: drops, bubbles, pearls, waves[J]. Physics today, 2004, 57: 66-67.

[80] DRYDEN H L. The role of transition from laminar to turbulent flow in fluid mechanics[C] //Bicentennial Conference, Philadelphia: University of Pennsylvania Press, 1941: 1-13.

[81] MORKOVIN M V. Instability, transition to turbulence and predictability[R]. Advisory Group for Aerospace Research and Development Neuilly-sur-seine(FRANCE), 1978.

[82] BENARD H. Formation of centers of circulation behind a moving obstacle[J]. Compte rendus academie des sciences, 1908, 147.

[83] KOVASZNAY L S G. Hot-wire investigation of the wake behind cylinders at low reynolds numbers[J]. Proceedings of the royal society of London, 1949, 198(1053): 174-190.

[84] GERRARD J H. The mechanics of the formation region of vortices behind bluff bodies[J]. Journal of fluid mechanics, 1996, 25(2): 401.

[85] FEY U, KÖNIG M, ECKELMANN H. A new Strouhal-Reynolds-number relationship for the circular cylinder in the range 47< Re< 2× 105[J]. Physics of fluids, 1998, 10(7): 1547-1549.

[86] ETMINAN V, LOWE R J, GHISALBERTI M. A new model for predicting the drag exerted by vegetation canopies[J]. Water resources research, 2017, 53(4): 3179-3196.

[87] WHITE B L, NEPF H M. Scalar transport in random cylinder arrays at moderate Reynolds number[J]. Journal of fluid mechanics, 2003, 487: 43-79.

[88] ZDRAVKOVICH M. Flow around circular cylinders, volume 1. Fundamentals[J]. Journal of fluid mechanics, 1997, 350: 377-378.

[89] KOCH D L, LADD A J C. Moderate reynolds number flows through periodic and random arrays of aligned cylinders[J]. Journal of fluid mechanics, 1997, 349: 31-66.

[90] KOTHYARI U C, HASHIMOTO H, HAYASHI K. Effect of tall vegetation on sediment transport by channel flows[J]. Journal of hydraulic research, 2009, 47(6): 700-710.

[91] RICART A M, YORK P H, RASHEED M A, et al. Variability of sedimentary organic carbon in patchy seagrass landscapes[J]. Marine pollution bulletin, 2015, 100(1): 476-482.

[92] ALBAYRAK I, NIKORA V, MILER O, et al. Flow-plant interactions at a leaf scale: effects of leaf shape, serration, roughness and flexural rigidity[J]. Aquatic sciences, 2012, 74(2): 267-286.

[93] JÄRVELÄ J. Flow resistance of flexible and stiff vegetation: a flume study with natural plants[J]. Journal of hydrology, 2002, 269(1-2): 44-54.

[94] THOMPSON S E, ASSOULINE S, CHEN L, et al. Secondary dispersal driven by overland flow in drylands: review and mechanistic model development[J]. Movement ecology, 2014, 2(1): 7.

[95] LI R M, SHEN H W. Effect of tall vegetations on flow and sediment[J]. Journal of the hydraulics division, 1973, 99(5): 793-814.

[96] FATHI-MAGHADAM M, KOUWEN N. Nonrigid, nonsubmerged, vegetative roughness on floodplains[J].

Journal of hydraulic engineering, 1997, 123(1): 51-57.

[97] WU F C, SHEN H W, CHOU Y J. Variation of roughness coefficients for unsubmerged and submerged vegetation[J]. Journal of hydraulic engineering, 1999, 125(9): 934-942.

[98] THOMPSON A M, WILSON B N, HUSTRULID T. Instrumentation to measure drag on idealized vegetal elements in overland flow[J]. Transactions of the ASAE, 2003, 46(2): 295.

[99] ARMANINI A, RIGHETTI M, GRISENTI P. Direct measurement of vegetation resistance in prototype scale[J]. Journal of hydraulic research, 2005, 43(5): 481-487.

[100] SCHLICHTING H, GERSTEN K. Boundary-layer theory[M]. Berlin: Springer, 1982.

[101] CHENG N S, NGUYEN H T. Hydraulic radius for evaluating resistance induced by simulated emergent vegetation in open-channel flows[J]. Journal of hydraulic engineering, 2011, 137(9): 995-1004.

[102] HUAI W X, QIAN Z L, GENG Z D, et al. Large eddy simulation of open channel flows with nonsubmerged vegetation[J]. Journal of hydrodynamics, 2011(2): 128-134.

[103] ISHIKAWA Y, MIZUHARA K, ASHIDA M. Drag force on multiple rows of cylinders in an open channel[R]. Grant-in-aid research project report, Kyushu University, Fukuoka, Japan, 2000.

[104] WANG H, TANG H, YUAN S, et al. An experimental study of the incipient bed shear stress partition in mobile bed channels filled with emergent rigid vegetation[J]. Science China technological sciences, 2014, 57(6): 1165-1174.

[105] CHANDLER M, COLARUSSO P, BUCHSBAUM R. A study of eelgrass beds in Boston Harbor and northern Massachusetts bays[R]. Project report to US Environmental Protection Agency, Narragansett, RI. 1996.

[106] LEONARD L A, LUTHER M E. Flow hydrodynamics in tidal marsh canopies[J]. Limnology and Ocean ography, 1995, 40(8): 1474-1484.

[107] LIGHTBODY A F, NEPF H M. Prediction of velocity profiles and longitudinal dispersion in salt marsh vegetation[J]. Limnology and oceanography, 2006, 51(1): 218-228.

[108] SCHONEBOOM T, ABERLE J, DITTRICH A. Spatial variability, mean drag forces, and drag coefficients in an array of rigid cylinders[J]. Geoplanet: earth and planetary sciences, 2011, 1: 255-265.

[109] DUNN C J, FABIÁN L, MARCELO H G. Mean flow and turbulence in a laboratory channel with simulated vegetation[R]. Hydrosystems Laboratory, Department of Civil Engineering, University of Illinois, Urbana-Champaign. 1996.

[110] KUBRAK E, KUBRAK J, ROWIŃSKI P M. Vertical velocity distributions through and above submerged, flexible vegetation[J]. Hydrological sciences journal, 2008, 53(4): 905-920.

[111] LIU D, DIPLAS P, FAIRBANKS J D, et al. An experimental study of flow through rigid vegetation[J]. Journal of geophysical research: earth surface, 2008, 113(F4): 1-16.

[112] MEIJER D G, VAN VELZEN E H. Prototype-scale flume experiments on hydraulic roughness of submerged vegetation[C] //28th International Conference, International association of hydraulic engineer and research, Grez, Austria, 1999.

[113] SHIMETA J, JUMARS P A. Physical mechanisms and rates of particle capture by suspension-feeders[J].

Oceanography and marine biology, 1991, 29(19): l-257.

[114] STONE B M, SHEN H T. Hydraulic resistance of flow in channels with cylindrical roughness[J]. Journal of hydraulic engineering, 2002, 128(5): 500-506.

[115] TANG H, TIAN Z, YAN J, et al. Determining drag coefficients and their application in modelling of turbulent flow with submerged vegetation[J]. Advances in water resources, 2014, 69: 134-145.

[116] 闫静. 含植物明渠水流阻力及紊流特性的实验研究[D]. 南京: 河海大学.

[117] ZHAO K, CHENG N S, HUANG Z. Experimental study of free-surface fluctuations in open-channel flow in the presence of periodic cylinder arrays[J]. Journal of hydraulic research, 2014, 52(4): 465-475.

[118] KOLOSEUS H J, DAVIDIAN J. Free-surface instability correlations, and Roughness-concentration effects on flow over hydrodynamically rough surfaces[M]. Washington D.C.: US Government Printing Office. 1966.

[119] KOUWEN N, FATHI-MOGHADAM M. Friction factors for coniferous trees along rivers[J]. Journal of hydraulic engineering, 2000, 126(10): 732-740.

[120] NEPF H M. Drag, turbulence, and diffusion in flow through emergent vegetation[J]. Water resources research, 1999, 35(2): 479-489.

[121] TANINO Y, NEPF H M. Laboratory investigation of mean drag in a random array of rigid, emergent cylinders[J]. Journal of hydraulic engineering, 2008, 134(1): 34-41.

[122] RIIS T, SAND-JENSEN K. Dispersal of plant fragments in small streams[J]. Freshwater biology, 2006, 51(2): 274-286.

[123] PERUZZO P, VIERO D P, DEFINA A. A semi-empirical model to predict the probability of capture of buoyant particles by a cylindrical collector through capillarity[J]. Advances in water resources, 2016, 97: 168-174.

[124] PERUZZO P, DEFINA A, NEPF H. Capillary trapping of buoyant particles within regions of emergent vegetation[J]. Water resources research, 2012, 48(7): 7512.

[125] BURG J P. Maximum entropy spectral analysis[C] //37thAnnual International Meeting, Society of exploration geophysicists, Oklahoma City, Okla. 1967.

[126] 徐守军. 图的 Wiener 指标与 Hosoya 多项式[D]. 兰州: 兰州大学, 2007.

[127] DUSHKIN C D, KRALCHEVSKY P A, PAUNOV V N, et al. Torsion Balance for Measurement of Capillary Immersion Forces[J]. Langmuir, 1996, 12(3): 641-651.

[128] DEFINA A, PERUZZO P. Diffusion of floating particles in flow through emergent vegetation: further experimental investigation[J]. Water resources research, 2012, 48(3), 31-40.

[129] PETKOV J T, DENKOV N D, DANOV K D, et al. Measurement of the drag coefficient of spherical particles attached to fluid interfaces[J]. Journal of colloid and interface science, 1995, 172(1): 147-154.

[130] PALMER M R, NEPF H M, PETTERSSON T J, et al. Observations of particle capture on a cylindrical collector: implications for particle accumulation and removal in aquatic systems[J]. Limnology and oceanography, 2004, 49(1): 76-85.

[131] LEVINE J M. A patch modeling approach to the community-level consequences of directional

dispersal[J]. Ecology, 2003, 84(5): 1215-1224.

[132] GROVES J H, WILLIAMS D G, CALEY P, et al. Modelling of floating seed dispersal in a fluvial environment[J]. River research and applications, 2009, 25(5): 582-592.

[133] MASKELL E C. A theory of the blockage effects on bluff bodies and stalled wings in a closed wind tunnel[J]. Aeroautical research council, London, 1963: 3400.

[134] RUTHERFORD J C. 1994. River Mixing[M]. New Jersey: Wiley. 1994.

[135] KATUL G, LI D, MANES C. A primer on turbulence in hydrology and hydraulics: the power of dimensional analysis[J]. Wiley interdisciplinary reviews: water, 2019, 6(2): e1336.

[136] BRITTER R, HUNT J, MUMFORD J. The distortion of turbulence by a circular cylinder[J]. Journal of fluid mechanics, 1979, 92(2): 269-301.

[137] ZIEMNIAK E M, JUNG C, TÉL T. Tracer dynamics in open hydrodynamical flows as chaotic scattering[J]. Physica d: nonlinear phenomena, 1994, 76(1-3): 123-146.

[138] ZAVISTOSKI R A. Hydrodynamic effects of surface piercing plants[D]. Massachusetts: Massachusetts Institute of Technology, 1994.

[139] LIU X, ZENG Y, HUAI W. Modeling of interactions between floating particles and emergent stems in slow open channel flow[J]. Water resources research, 2018, 54(9): 7061-7075.

[140] MURPHY E. Longitudinal dispersion in vegetated flow[D]. Massachusetts: Massachusetts Institute of Technology, 2006.

[141] 徐江荣, 周俊虎. 两相湍流流动 PDF 理论与数值模拟[M]. 北京: 科学出版社, 2008.

[142] 槐文信, 杨中华, 曾玉红. 环境水力学基础[M]. 武汉: 武汉大学出版社, 2014.

[143] DIMOU K. Simulation of estuary mixing using a two-dimensional random walk model[D]. Massachusetts: Massachusetts Institute of Technology, 1989.

[144] GARDINER C W. Handbook of stochastic methods[M]. Berlin: Springer, 1985.

[145] FISCHER H B, LIST E, KOH R, et al. Mixing in inland and coastal waters[M]. New York: Academic Press, 1979.

[146] TAYLOR G I. Dispersion of soluble matter in solvent flowing slowly through a tube[J]. Proceedings of the royal society of London. series A. mathematical and physical sciences, 1953, 219(1137): 186-203.

[147] TAYLOR G I. The dispersion of matter in turbulent flow through a pipe[J]. Proceedings of the royal society of London. series A. mathematical and physical sciences, 1954, 223(1155): 446-468.

[148] ELDER J W. The dispersion of marked fluid in turbulent shear flow[J]. Journal of fluid mechanics, 1959, 5(4): 544-560.

[149] FISHER H B. Dispersion predictions in natural streams[J]. Journal of the sanitary engineering division, 1968, 94(5): 927-944.

[150] MCQUIVEY R S, KEEFER T N. Simple method for predicting dispersion in streams[J]. Journal of the environmental engineering division, 1974, 100(4): 997-1011.

[151] LIU H. Predicting dispersion coefficient of streams[J]. Journal of the environmental engineering division, 1977, 103(1): 59-69.

[152] MAGAZINE M K, PATHAK S K, PANDE P K. Effect of bed and side roughness on dispersion in open channels[J]. Journal of hydraulic engineering, 1988, 114(7): 766-782.

[153] ASAI K, FUJISAKI K, AWAYA Y. Effect of aspect ratio on longitudinal dispersion coefficient[J]. Environmental hydraulics, 1991, 2: 439-498.

[154] SEO I W, CHEONG T S. Predicting longitudinal dispersion coefficient in natural streams[J]. Journal of hydraulic engineering, 1998, 124(1): 25-32.

[155] 槐文信, 徐孝平. 蜿蜒河道中纵向分散系数的水力估测[J]. 武汉大学学报(工学版), 2002, 35(4): 9-12.

[156] RIJN L C V. Sediment transport, Part II: suspended load transport[J]. Journal of hydraulic engineering, 1984, 110(11): 1613-1641.

[157] RICHARDSON P L. Drifting in the wind: leeway error in shipdrift data[J]. Deep sea research I, 1997, 44(11): 1877-1903.

[158] LONGUET-HIGGINS H C. Thermodynamicism[J]. Biosystems, 1977, 8(4): 1-72.

[159] LARSON T R, WRIGHT J W. Wind-generated gravity-capillary waves: laboratory measurements of temporal growth rates using microwave backscatter[J]. Journal of fluid mechanics, 1975, 70(3): 417.

[160] 李洪, 许唯临, 李克锋, 等. 悬浮颗粒在明渠剪切紊流中扩散系数计算公式研究[J]. 水利学报, 2002, 33(8): 47-53.

[161] NILSSON C, GARDFJELL M, GRELSSON G. Importance of hydrochory in structuring plant communities along rivers[J]. Canadian journal of botany, 1991, 69: 2631-2633.

[162] STRAHAN M B. Establishment and survival of woody riparian species on gravel bars of an intermittent stream[J]. American midland naturalist, 1984, 112(2): 235-245.

[163] NEPF H M, SULLIVAN J A, ZAVISTOSKI R A. A model for diffusion within emergent vegetation[J]. Limnology and oceanography, 1997, 42(8): 1735-1745.

[164] COUTANCEAU M, BOUARD R. Experimental determination of the main features of the viscous flow in the wake of a circular cylinder in uniform translation. Part 1. steady flow[J]. Journal of fluid mechanics, 1977, 79(2): 231-256.